扫码看视频·轻松学技术

樱桃

高效栽培与病虫害防治

彩色图谱

全国农业技术推广服务中心　组编

蒋锦标　李 莉　张世清　张 斌　张怀江　主编

中国农业出版社

北 京

图书在版编目（CIP）数据

樱桃高效栽培与病虫害防治彩色图谱/全国农业技术推广服务中心组编. —北京：中国农业出版社，2019.2

（扫码看视频·轻松学技术丛书）

ISBN 978-7-109-24698-0

Ⅰ．①樱… Ⅱ．①全… Ⅲ．①樱桃-果树园艺②樱桃-病虫害防治-图谱 Ⅳ．①S662.5②S436.629-64

中国版本图书馆CIP数据核字（2018）第229492号

中国农业出版社出版

（北京市朝阳区麦子店街18号楼）

（邮政编码 100125）

责任编辑 郭晨茜 孟令洋

北京通州皇家印刷厂印刷 新华书店北京发行所发行
2019年2月第1版 2019年2月北京第1次印刷

开本：787mm×1092mm 1/16 印张：10.25
字数：250千字
定价：59.90元

编　委　会

出版说明

　　现如今互联网已深入农业的方方面面，互联网即时、互动、可视化的独特优势，以及对农业科技信息和技术的迅速传播方式已获得广泛的认可。广大生产者通过互联网了解信息和技术，提高技能亦成为一种新常态。然而，不论新媒体如何发展，媒介手段如何先进，我们始终本着"技术专业，内容为王"的宗旨出版好融合产品，将有用的信息和实用的技术传递给农民。

　　为了及时将农业高效创新技术传递给农民，解决农民在生产中遇到的技术难题，中国农业出版社邀请国家现代农业产业技术体系的岗位科学家、活跃在各领域的一线知名专家编写了这套"扫码看视频•轻松学技术丛书"。书中精选了海量田间管理关键技术及病虫害高清照片，大部分为作者多年来的积累，更有部分照片属于"可遇不可求"的精品；文字部分内容力求与图片内容实现互补和融合，看得懂、学得会、记得住。**更让读者感到不一样的是：**还可以通过微信扫码观看微视频，技术大咖"手把手"教你学技术，可视化地把技术搬到书本上，架起专家与农民之间知识和技术传播的桥梁，让越来越多的农民朋友通过多媒体技术"走进田间课堂，聆听专家讲课"，接受"一看就懂、一学就会"的农业生产知识与技术的学习。

　　说明：书中病虫害化学防治部分推荐的农药品种的使用浓度和使用量，可能会因为作物品种、栽培方式、生长周期及所在地的生态环境条件不同而有一定的差异。因此，在实际使用过程中，以所购买产品的使用说明书为准，或在当地技术人员的指导下使用。

　　本书的视频制作得到了"乡村振兴战略下，'三农'融合出版探索"项目的资金支持，在此深表感谢！

2018年10月

目录

一、生物学特性

（一）主要器官

1. 根　樱桃的根系相对于地上部要小得多（根冠比小），其新生根较粗，略呈肉质（图1-1），分布浅，范围小，既不抗旱，也不耐涝，对环境条件的适应性较差；而枝梢的生长强度大，根冠之间的矛盾难以协调，每年雨季的风害和涝害，都会造成大量的死树。若不能从根本上解决根系生长的问题，就难以打破"樱桃好吃树难栽"的桎梏。

樱桃树不管实生根或茎原根（表1-1），都分为主根、侧根和不定根三部分。主根向下生长深入心土，深达70厘米的土层中，其中有80%的根，分布在20～40厘米的土层中，重点起到贮藏、吸收和固定树体的作用；侧根向四周表土延伸，分布在5～35厘米的土层中，以20～35厘米深的土层最多，重点起到吸收水分和养分的作用；不定根是从茎基部发出的根，主要分布在土壤表层，重点是起到吸收水分和养分的作用。在主根和侧根上发出的根，称二次根（又称副侧根、须根、吸收根）；在二次根上发出的根，称三次根。

图1-1　根

表1-1　樱桃树根的类型

项目	实生根	茎原根
定义	采用播种繁殖的砧木，根系由种子的胚根发育而来	采用压条、扦插、分株繁殖的砧木根系
特点	主根发达，分布较深，生活力旺盛，适应土壤环境的能力强	主根不发达，分布较浅，生活力较弱，适应土壤环境能力相对较差

樱桃树根系生长发育的好坏，主要取决于砧木的品种，用中国樱桃作砧木，主根不发达，而须根生长旺盛，在土壤中分布浅，固地性差，容易倒伏；用本溪山樱桃、马哈利樱桃作砧木，主根发达，在土中分布深，固地性强，不但能抗风、抗旱，而且吸收能力旺盛。此外，樱桃树根系生长发育的好坏也与繁殖方法、立地条件和栽培管理水平息息相关。

温馨提示：

在生产上要采取各种措施，增加主根向地下生长的深度，扩大侧根数量和扩展的范围，最大限度的缩小根冠之间比例，提高根系固地、吸收和贮藏的能力。

　　2. 芽　芽是未发育的枝条、花或花序的原始体。根据着生部位可分为顶芽和腋芽，按其性质可分为叶芽和花芽（图1-2）。樱桃的芽单生，即每一个叶腋只着生一个叶芽或花芽，樱桃树的顶芽都是叶芽，腋芽既有叶芽也有花芽。幼、旺树上的腋芽多为叶芽，成龄树和生长中庸树上的腋芽多为花芽。中、短枝下部5～10个腋芽多为花芽，上部的腋芽多为叶芽。

　　（1）叶芽　叶芽为尖圆锥形，瘦长，叶芽能抽枝长叶，增加枝量，扩大树冠，形成各级骨干枝和结果枝。樱桃树的叶芽具有早熟性，当年形成的芽一年内能萌发1～2次，这为摘心、增加分枝、扩大树冠、提早结果提供了有利条件。樱桃树萌发率高，成枝力弱，一年生枝条上部的芽萌芽率高，基部芽不能萌发转变为潜伏芽。萌芽率的高低，因品种、树龄、时期不同而异，如佳红品种萌芽率就高于红灯品种，幼树期的萌芽率就高于盛果期的萌芽率。

（2）花芽　花芽为圆锥形，比叶芽饱满、肥胖。当花芽开花后，其原着生处即现光秃，形成死槎，致使树冠内膛和大枝后部光秃。所以，对短果枝修剪时，一定要在有叶芽处短截。每个花芽有1～5朵花，多数能开2～3朵花。

温馨提示：

花芽为纯花芽，只能开花结果，无法抽枝、展叶。这一生物学特性，要求我们在修剪的时候，必须能识别花芽、叶芽，换句话说，剪口芽必须是叶芽，只有这样，才能保证枝条继续生长，否则，如果剪口芽留在了花芽上，开花结果以后，此处留下疤痕，枝条枯死。

图1-2　叶芽和花芽

（3）潜伏芽　潜伏芽为腋芽的一种，通常不容易萌发，只有在较强的刺激下才能萌发，抽枝展叶；其寿命较长，可维持10～20年，是树冠更新复壮的基础，对延长结果年限具有重要意义。

3.叶　卵圆形、长圆形或椭圆形，浓绿有光泽。叶被有稀疏的茸毛，叶面无毛（图1-3）。

图1-3　叶

叶的大小、形状及颜色，不同品种有一定差异。春天树体萌芽展叶，幼叶的颜色从浅红色至淡绿色，红色的程度因品种有较大的差异。随着叶龄增加，浅红色、淡绿色的叶片渐变为绿色，进而变为浓绿色。

叶片的面积大，形成的芽就饱满，其花芽坐果率就高，果个也大，其叶芽萌芽率高，成枝力强；叶片的面积小，就则然反之。叶龄不同光合能力也不同，生长发育完全的叶片其光合效率最高，幼嫩或衰老的叶片其光合效率均低。一般每个果实应有2～3枚叶片，才能保持较高的结实率和果实的品质。

4. 枝　按性质可分为发育枝和结果枝。带有叶片的当年生枝条称为新梢，新梢在秋季落叶后到翌年萌芽前，称为一年生枝，一年生枝萌芽后为二年生枝。

（1）发育枝　有叶芽的一年生枝条称为发育枝，也称营养枝或生长枝。发育枝萌芽以后抽枝展叶，是形成骨干枝、扩大树冠的基础。发育枝着生大量的叶芽，没有花芽。通过短截后，前端抽生长枝，用于扩大树冠，形成树体骨架和树冠；中后部形成中短枝，能形成大量的花芽，用于开花结果。

幼树和生长势旺盛的树，抽生发育枝的能力较强，进入盛果期和树势较弱的树，抽生发育枝的能力越来越小，使发育枝基部一部分侧芽也变成花芽，发育枝本身成了既是发育枝又是结果枝的混合枝。发育枝一年两次生长，分春梢和秋梢，每年春季叶芽萌发后，一周左右为初生长期，在开花期间，发育枝生长极慢，谢花后进入迅速生长期；幼树新梢生长，可延续到8月末，而盛果期树新梢生长，在采果后10天就停止生长。控制好春梢和秋梢生长，是减少生理落果和促进成花的关键。发育枝的生长，对温度、光照有明显的反应。在日温26℃、夜温20℃、光照16个小时的条件下，生长最快。

（2）结果枝　结果枝着生花芽，开花结果。按照其长度可分为混合枝、长果枝、中果枝、短果枝、花束状果枝5种（图1-4和图1-5，表1-2）。不同类型结果枝之间，结果枝与生长枝之间，在一定条件下能够互相转化。在从初果期树向盛果期树过渡的过程中，生长枝多转化为结果枝，但在盛果期树上，当营养条件改善后，果枝很容易转化为生长枝，在生长枝转化为结果枝时，一般成枝力弱的品种和栽培水平差的树转化速度快。

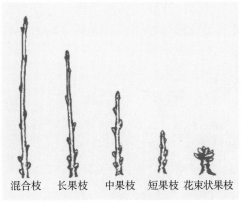

混合枝　长果枝　中果枝　短果枝　花束状果枝

图1-4　结果枝类型

图1-5　花束状果枝

表1-2　结果枝的类型

类　型	长　度	芽着生情况	特　点
混合枝	20厘米以上	枝条基部的3～5个腋芽为花芽，其他的芽为叶芽	这种枝条既能抽枝长叶，又能开花结果，是初、盛果期树扩大树冠、形成新果枝的主要果枝类型。混合枝上的花芽往往发育质量差，坐果率低，果实成熟晚，品质较差
长果枝	15～20厘米	长果枝除顶芽及邻近几个腋芽为叶芽外，中下部的芽均为花芽	在初果期树上，长果枝比例多，在盛果期树上，长果枝比例减少，坐果率较高。一般长果枝结果能力不如短果枝和花束状果枝，长果枝结果后下部光秃，只有上部叶芽继续抽生出新的枝叶
中果枝	5～15厘米	一般顶芽为叶芽，腋芽为花芽	中果枝着生在两年生枝的中上部，数量较少
短果枝	小于5厘米，节间明显	除顶芽为叶芽外，腋芽全是花芽	短果枝着生在两年生枝条的中下部，数量较多，花芽质量好，坐果率高，果实品质好，是樱桃的主要结果枝
花束状果枝	极短，节间不明显	花芽聚合紧密成簇，顶芽为叶芽，腋芽为花芽	樱桃树的主要结果枝，年生长量很小，每年生长量不足1厘米。花芽质量好，坐果率高，果实品质好。花束状果枝寿命长，一般可连续结果7～10年，在管理好的情况下，可连续结果达20年以上

5.花　总状花序，有花1～10朵，多数2～5朵，白色或粉红色。子房下位花，由花萼、花瓣、雌蕊、雄蕊和花柄组成。花瓣5枚，雄蕊20～30枚，

雌蕊1枚（图1-6）。发育正常的花只有1个雌蕊，若夏季高温干燥，可能会发育出2个雌蕊的畸形花，结出畸形的双果；也有雌蕊退化、柱头和子房萎缩而不结实的花。

图1-6　花

樱桃花有授粉结实特性，不同种类区别较大。中国樱桃与酸樱桃花粉多，自花结实能力强。欧洲甜樱桃除拉宾斯、斯坦拉、先锋、黑珍珠等少数品种有较高的自花结实率外，大部分品种都明显自花不实，而且品种之间的亲和性也有很大不同。因此，建立甜樱桃园时要特别注意配置好授粉品种，并进行放蜂和人工授粉。开花后4天内授粉能力最强，5 ～ 6天内仍有一定授粉能力。花期长短也因品种而异，一般花期7 ～ 14天，最长达20天。从开花到授粉全过程，大约需要48个小时。樱桃树开花早，容易受晚霜危害，一般在4℃以下时，严重的影响受精过程，导致不能坐果；同时阴雨、大风、高温等不良灾害性天气，都会降低坐果率。

　　温馨提示：
　　樱桃树落花一般有2次，第一次在花后2 ～ 3天，脱落的是发育畸形、先天不足的花，该次落花与树体贮藏营养密切相关，栽培管理水平高的，树体贮藏营养充足的，落花就轻，则然反之；第2次落花在一周后，落花的主要原因是花没能授精，其原因是树体内贮藏营养不足，如遇有大风、下雨、低温等恶劣天气，落花会更重。

6.果实 樱桃的花经过授粉和受精后，其子房发育成果实。樱桃的果实由内果皮、中果皮和外果皮三部分组成（图1-7）。在果实发育的初期内果皮是软的组织，到所谓硬核期，内果皮硬化成坚实的种壳，保护着种胚。中果皮发育成果肉，由薄壁细胞组成，是果实的可食部分。果实有扁圆形、圆形、椭圆形、心脏形、

图1-7 果 实

宽心脏形、肾形；果皮颜色有黄白色、有红晕或全面鲜红色、紫红色或紫色；果肉有白色、浅红色、粉红色及红色；肉质柔软多汁；有离核和黏核，核椭圆形或圆形，核内有种仁。

樱桃的果实发育期很短，从花朵授粉受精后，子房开始膨大到果实的成熟，通常只需要30 ～ 60天。

（二）生长发育周期

图1-8 二年生樱桃树

1.樱桃树的生命周期 樱桃树从定植到衰亡，大体要经历幼龄期、初果期、盛果期和衰老更新期。

（1）幼龄期 从树苗定植到开结果为幼龄期，樱桃树一般为2 ～ 4年（图1-8）。该时期加长、加粗生长活跃，新梢年生长量可超过1米，茎粗可超过1.5厘米，树体内营养物质的积累迟，多数营养物质用于器官的建造，不利于花芽的形成。幼龄期的长短，是与砧木、品种、立地条件和栽培管

理水平有关。为了缩短这一时期，要采用夏季修剪等方法，减缓生长势力，促进提早结果。

（2）初果期　从开花结果到大量结果为初果期，樱桃树一般为4～8年。该时期树冠和根系不断扩大，枝量和根量成倍增加，主枝的级次增加，生长发育开始转化，外围新梢继续旺长，中下部枝条提前停止生长，营养生长时间缩短，营养物质提前积累，内源激素发生变化，中短枝基部的侧芽形成花芽。该时期在继续培养骨架、扩大树冠的同时，要注意控制树高，抑制树势旺长，调节营养生长与生殖生长的平衡。要采用夏季修剪和化控等方法，促使尽早进入盛果期。

（3）盛果期　该时期树冠为一生中最大，产量也最高，生长与结果趋于平衡，树势趋于稳定，盛果期一般为20年左右。这一时期发育枝年生长量为30～50厘米左右，干周继续增长，每年生长发育节奏明显，营养生长、果实发育和花芽分化关系协调。在修剪上，要改善通风透光条件，采用控前促后的方法，防止内膛结果枝外移和枯死，要疏花疏果，合理负担产量；在树下的管理上，要搞好深翻改土，增施有机肥，加强根系活力，防止根系衰老，全力维持和延长盛果期的年限。

（4）衰老更新期　樱桃树随着树龄的增长，枝条生长出现衰弱，根系开始萎缩，树冠内部和下部小枝逐渐枯死，不但产量明显下降，而且品质也逐渐变劣。该时期在修剪上，要有目的回缩骨干枝，促发新枝和促进生长，维持和扩大树冠；同时，要加大肥水供应，增施有机肥，尽快恢复树势，稳定产量，延缓其衰老。一般樱桃树40年生以后会明显的衰老，但寿命可长达80～100年。

2. **年生长发育周期及其特点**　樱桃的年生长发育周期是其长期适应立地气候条件所形成的随季节的变化而出现的相应的生理生化和形态的变化。

（1）萌芽与开花　樱桃的芽在冬季进入休眠后，须经过一定量的低温才能解除休眠，开始萌芽开花。樱桃的叶芽萌动一般比花芽晚5～7天。樱桃萌芽、开花期较早。每个品种花期7～10天，春天气温高时，花期早而短；气温低时，花期晚而长；树体生长健壮、花芽质量好的早开花，树体弱、花芽质量差的开花晚。

樱桃的叶芽萌芽期一般分为以下3个阶段：①芽体膨大期。树体上大部分叶芽开始膨大，芽鳞开始开裂。②开绽期。芽鳞开裂，芽顶部开始露绿。③叶片分离期。有嫩叶露出。

樱桃的花芽萌芽开花期一般分为以下6个阶段：①花芽膨大期。全树有25%的花芽开始膨大，鳞片错开。②露萼期。鳞片裂开，花萼顶部露出。③露瓣期。花萼裂开，露出花瓣。④初花期。全树5%～25%的花开放。⑤盛花期。全树25%～75%的花开放。⑥落花期。全树有50%以上花的花瓣开始脱落（图1-9）。

图1-9　落花期

（2）新梢生长　进入结果期的树体叶芽萌动后有1周左右的短暂新梢生长期。开花期间，新梢基本停止生长。花谢后再转入迅速生长期。到果实成熟期，新梢生长量逐渐减缓，以至停止。生长势比较弱的树，只有春梢一次生长。果实成熟采收后，对于生长势比较强的树，新梢又一次迅速生长，到秋季还能长出秋梢。幼旺树、大树上潜伏芽萌发的徒长枝生长期延续时间长，一直生长到晚秋气温不适宜生长才停止。枝条长度可达1米以上，生长停止过晚的枝，成熟度差，易遭受冻害或抽条。

（3）果实发育　樱桃的果实发育期很短，早熟品种只有30～40天，中熟品种只有40～50天，晚熟品种有50～70天。果实发育过程表现为如下3个时期（图1-10）。

第一次迅速生长期　硬核和胚发育期　第二次迅速膨大期

图1-10　果实发育

①第一次迅速生长期。该时期从谢花至硬核前，果实（子房）细胞分裂迅速，果核（子房内壁）迅速增长，胚乳迅速发育。该时期结束时果实大小为采收时果实大小的33.6%～49.5%。该时期时间虽不长，果个膨大不太迅速，但却是果实细胞分裂的重要时期，对以后果实膨大起着重要的作用。这个时候如果春梢出现旺长，会造成第一次生理落果。

②硬核和胚发育期。该时期需要8～20天，果实的纵、横径增长缓慢，果核由白色逐渐木质化，变为硬的褐色，胚乳逐渐被胚发育所吸收而消耗。该时期的长短不但决定着果实发育期的长短，而且还决定果实成熟期的早晚。如果此阶段胚发育受阻，果仁萎缩，种仁不能生成赤霉素和生长素，果实会变黄、萎蔫或者畸形脱落。所以这是一个关键时期，如果授粉不良，高温和新梢生长过旺，都会影响果仁的发育，造成第二次生理落果。

③第二次迅速膨大期。该时期自硬核至果实成熟，果实迅速膨大，横径增长量大于纵径增长量，果实着色，可溶性固形物含量增加。这个阶段生长量占果实大小的50%以上，该时期应控制新梢旺长，多用磷、钾肥，少用氮肥，对提高果实品质和促进果实膨大有重要作用。此时期如果遇雨，或者前期土壤干旱而后期灌水过多，极易产生裂果现象。生产上要保持稳定的土壤水分状况，维持树势，适当增加钙肥施用，以防裂果。

（4）花芽分化　芽的生长点发生一系列生理生化和形态变化形成花芽的过程称为花芽分化。樱桃花芽分化过程可分为5个阶段：苞片形成期、花原基形成期、花萼分化期、花瓣及雄蕊原基形成期、雌蕊原基形成期。花芽的生理分化期一般在当年樱桃成熟采收后10天左右开始，整个分化期历时40～45天完成。因此，在樱桃采收后要及时施肥浇水，补充因果实消耗的营养，促进枝叶的功能，制造更多的光合作用产物，为花芽分化提供物质保证。

樱桃花芽的分化受枝条类型、树龄、品种、温度、日照、降水量、管理水平等因素影响。花束状果枝和短果枝花芽分化早，长果枝花芽分化晚；进入盛果期以后的树体花芽分化早，幼龄树花芽分化晚；早熟品种比晚熟品种早；在营养不良条件下，会出现雌蕊退化现象，雌蕊退化在弱树的花束状果枝和壮树的中、长果枝发生较多，品种之间也有差异。

（5）落叶与休眠　落叶是植物在进化过程中形成的一种抵御冬季寒冷的适应性反应，落叶后树体进入冬季休眠期。在正常管理条件下樱桃的落叶发生在初霜冻前后，各地因霜期的早晚落叶期也有相应的变化。生长健壮的成龄树落叶适期，幼旺树或徒长枝落叶较晚。由于病虫为害或干旱、水淹引起的早期落叶，这不是正常的落叶，常会导致秋季开花、枝条脱水干枯或树体死亡。

大多数樱桃品种的芽进入休眠期后，必须经过冬季的一定低温时间量才能解除其休眠，这种解除休眠所需要的低温时间和强度称为需冷量或低温需要量。部分品种不经过休眠也能够部分萌芽开花，这就能够解释大棚樱桃采果后大量出现二茬花问题。但随着休眠时数的增加，樱桃开花量也逐渐增加，低温休眠是樱桃开花整齐的措施之一。樱桃休眠中枝条营养物质发生很大变化，休眠既是养分转化和积累的过程，也是为第二年开花坐果准备养分的过程。所以，秋季增加树体养分回流，对果树提早打破休眠有很重要作用。

（三）对环境条件的要求

图1-11 冻害
A.主干中下部皮层坏死　B.芽枯死
C.冻害造成花瓣变褐、脱落

1.温度　樱桃是喜温而不耐寒的落叶果树，对温度要求非常严格，适宜年平均气温8 ~ 15℃，大于10℃的有效

积温3 600 ~ 5 500℃。要求萌芽期的平均气温7℃以上，最适宜气温为10℃左右；开花期的平均气温为12℃以上，最适宜气温为15℃左右；果实发育期和果实成熟期的适宜温度为20℃左右；休眠期的低温（0 ~ 7.2℃）需求量为750 ~ 1 500个小时。

（1）低温的伤害　低温的危害可分为冬天的冻害和早春的霜冻（图1-11）。在萌芽期温度降为-1.7℃以下，开花期降为-1.1 ~ -2.8℃时，就会造成花无柱头、无花粉等畸形花，影响授粉受精和幼胚的发育。花受冻的临界温度为-2℃，在-2.2℃的温度下半小时，花的受冻率为10%，当温度降至-3.9℃时，冻害率达到90%，在-4℃的温度下半小时，几乎所有的花都被冻死。

樱桃树冬季冻害的临界低温为-20℃，如果低温持续时间较长，花芽、叶芽和1～2年生枝条就会冻死，树干冻裂而流胶，在-25℃时会大量死树。在早春地温-7℃时、晚秋地温-8℃时、冬季地温-10℃时，樱桃的根系就会遭受冻害。

（2）高温的危害　花期温度超过28℃时，就会致花粉死亡，坐果率降低，枝条徒长，树冠郁蔽，通风透光差，病虫害发生严重；在果实发育期高温，就会造成"高温逼熟"，果实不能充分成熟，果个较小，品质较差，肉薄味酸；在花芽分化期高温干旱，就会造成大量的畸形花，翌年就会产生畸形果；在年平均气温12℃以上的地区，冬季樱桃树休眠期时间长，设施内种植的鲜果上市时间较晚。

2．水分　樱桃为喜水而不耐涝的果树，由于樱桃树根系分布浅，因此对土壤通透性要求高，适于在年降水量600～800毫米的地区生长，通过避雨栽培（图1-12），可以在降水量1 300毫米以上高海拔地区栽培。在土壤含水量降到7%时，叶片就会发生萎蔫；当土壤含水量降到10%时，地上部分停止生长；当土壤含水量降到11%～12%时，果实发育期会大量落果和落叶。果实转色期久旱遇雨或灌水又易出现裂果现象。因此，樱桃园既需要有灌溉条件，又要能通畅地排水。而起垄栽培（图1-13）是解决土壤透气性和防止涝害的有效办法。

图1-12　避雨栽培

图1-13　起垄栽培

在樱桃树年生长周期中，休眠期是需水最少的时期，新梢生长和果实生长期是需水的高峰期。在果实采收前，当田间最大持水量为60%以下时，就应进行灌溉，以免影响树体和果实的生长发育；当田间最大持水量达到饱和时，并持续48个小时的情况下，容易造成树体流胶、裂果和死树，要及时进行排水防涝。

3. 光照　樱桃树喜光性强，对光照的要求仅次于桃树，高于苹果树和梨树，全年日照时间应有2 600～2 800小时以上。光照对生长发育特别重要，光照条件好，树体生长发育健壮，果枝寿命长，花芽充实饱满，花粉发芽力强，坐果率高，果实个大，品质也好；如果光照不足，树体生长发育弱，外围新梢容易徒长，内膛枝组容易枯死，叶片黄化脱落，结果部位外移，花芽发育不良，花粉发芽率低，坐果也少，品质也差，成熟期延后。所以，要搞好修剪，特别是要搞好夏季修剪，解决好树冠内通风透光的问题。

4. 土壤　樱桃适宜在土层深厚、土质疏松、透气性好、保水力较强的沙壤土或砾质壤土栽培。在土质黏重的土壤中栽培时，根系分布浅，不抗旱、不耐涝也不抗风。樱桃树对土壤的适应性与砧木有很大关系，适宜的土壤pH为6.5～7.5，但是在pH5.6～8.0的土壤中也能够正常生长。但是盐碱地区和黏重土壤种植樱桃很容易患根癌病。种植樱桃、桃、李、杏的老果园，土壤中根癌病菌多，不宜栽植樱桃树，更不宜作为发展樱桃的苗圃。如果树苗有根癌病，将引起更严重的后果。

　　当土壤有机质含量达到8%以上时，樱桃栽后可以实现2年开始结果，4年丰产，优质果品率高。进入盛果期的树，肥沃的土壤能够保证植株的健壮生长和稳产、丰产，所以强调多施有机肥料。如果土壤肥力差，树冠扩展速度慢，将推迟进入盛果期年限，进入丰产期之后，树体容易出现早衰，产量及品质都将受到影响。

　　5.空气　樱桃不抗大气污染，必须保证空气清新。目前，大气污染物主要包括二氧化硫、氟化物、氮化物、氯气和粉尘等（表1-3）。它即能直接影响光合作用，破坏叶绿素，致使花、叶和果实褐变和脱落，又能在树体内积累，人们食用后引起急、慢性中毒。因此，要根据国家标准《农产品安全质量无公害水果产地环境要求》，选择没有空气污染的地块建园。

表1-3　大气污染物对樱桃的影响

大气污染物	来源	危害
二氧化硫	燃烧的煤和石油	二氧化硫从叶片气孔侵入叶片组织，破坏叶绿素，造成组织脱水，在叶脉间出现黄色或褐色斑块，使叶片脱落。花期对二氧化硫最为敏感，可使开花不整齐，花冠边缘出现枯斑，花药变色，干瘪，柱头萎缩，花朵提前脱落，坐果率降低；果实受害后为龟裂，发育受阻，失去商品价值
氟化物	来源于磷肥、冶金、玻璃、搪瓷、塑料、砖瓦等生产工厂	主要包括氟化氢、氟化硅、氟化钙及氟气。其中氟化氢毒性最大，比二氧化硫大20倍，当空气中有1×10^{-7}毫升/升时，树体即可受害。氟化物从气孔进入树体内为害，通过细胞间隙进入输导组织，当积累到一定浓度时，抑制树体内葡萄糖酶、磷酸果糖酶等多种酶的活动，阻碍叶绿素的合成，影响光合作用，破坏营养生长，失绿、早期落叶，果实不能正常膨大，果皮硬化等病症
氮化物	来源于汽车、锅炉、药厂排放的气体	主要包括二氧化氮、一氧化氮等。在设施栽培内当氮肥施用过多时，就容易产生高浓度的二氧化氮，造成对树体的直接伤害
氯气	来源于一些工厂食盐电解、农药、漂白粉、消毒剂、塑料、合成纤维等排放的废气	对树体危害极大。它可以破坏细胞结构，阻碍水分和养分的吸收，使树体矮化，分枝减少，叶片褪绿和焦枯，根系萎蔫而枯死
粉尘	煤炭排放	粉尘落到叶片上，影响树体的光合、蒸腾和呼吸作用。

6.风 樱桃的根系较浅,抗风能力差。严冬早春大风易造成枝条抽干,花芽受冻;花期大风易吹干柱头黏液,影响昆虫授粉;夏、秋季台风会使枝折树倒,造成更大的损失。果实成熟期经常有风会造成果实摩擦,严重影响果实外观质量。若开花期有干热风,会影响坐果,常降低产量。幼树还因受强风

图1-14 大风侵袭樱桃园

驱动使树趋向"偏冠",结果树冠失去平衡,当丰产时易造成劈枝。因此,在有大风侵袭的地区(图1-14),一定要营造防风林,或选择小环境良好的地区建园。

二、优良品种

在樱桃的生产中，品种在很大程度上决定着产量的高低、品质的优劣和抗性的强弱，栽培优良的品种是实现优质高产、高效益的重要前提。品种没有新老之分，新品种栽到地上就变为老品种，只要品质优良就是好品种。根据成熟期的早晚樱桃品种分为早熟、中熟、晚熟三类。早熟品种果实发育期30～45天。在鲁中南地区，早熟品种的成熟期多在雨季到来前，一般不容易发生裂果。中熟品种果实发育期50～60天，晚熟品种果实发育期超过60天，最长可达80天。目前，生产中多以选择早熟品种为主。建议重点发展中、晚熟品种，同时注意早中晚品种的适当搭配，延长鲜果供应期。

（一）如何选择优良品种

为提高市场竞争力，新发展地区选择栽培品种要做到高起点，要求主栽品种为大果、硬肉、深红色、优质、广适型品种，以适应国际国内市场的需求。选择优良品种，主要符合以下几个方面：

1. **早果性好** 所谓早果性，就是指苗木定植后进入结果期的早。在生产上，要求在不施用多效唑等生长抑制剂的情况下，苗木定植后3年要见果。只有早结果，才能早收益。

2. **丰产性好** 要选择定植5年就能丰产的品种，丰产的标准为每亩*1 000千克以上。品种是丰产的基础，要想丰产就要选择自花结实的优良品种，配置适宜、足够的授粉树，提高坐果率，才能达到丰产的目的。樱桃树的结实率和丰产性的标准是，自花结实率和自然结实率在15%以下为低，在15%～30%

---

* 亩为非法定计量单位。1亩≈667米^2。编者注

为中等，在30%以上为高；丰产的品种亩产要在500千克以上，很丰产的品种亩产要在1 000千克以上，除生产管理因素外，并要选择连续的丰产性品种。

3. 可溶性固形物要高 樱桃果实可溶性固形物含量的高低，是衡量品质好坏的标准，含量越高，品质越好。对鲜食品种可溶性固形物衡量的标准为，可溶性固形物含量在14%以下者为低，可溶性固形物含量在14%～16%时为中等，可溶性固形物含量在16%以上为高。

4. 果实个大 果实的大小是指盛果期、株产20千克以上时的果实大小。生产上要选择果实较大的品种进行栽培，但是如果盛果期株产在20千克以上，甚至达到50千克以上时，不要说平均单果重10克以上，即使平均单果重8克以上就不错了（出口果标准7克以上）。樱桃的果个大小按照平均单果重分为4个标准（表2-1）。同时，果柄长短、粗细也应是质量标准之一，果柄细长的果实装在箱中，看上去像乱草一样，很不美观；最好果柄长2～3厘米，粗0.18～0.20厘米。

表2-1 樱桃果个大小

果个大小	特大	大	中	小
平均单果重	10克以上	8～10克	5～85克	5克以下
示意图				

5. 果实色泽与形状要好 根据果实的颜色分为黄色、红色、紫黑色三类，黄色品种（有时有红晕）主要有：13-33、佐藤锦、雷尼、那翁、黄蜜等；红色品种：红灯、晚红珠、意大利早红等；紫色品种：黑珍珠、拉宾斯、宾库等。三种颜色之间并无优劣之分，只是品种的特色标志而已，但按人们的爱好和消费习惯，红色或紫色品种比黄色品种更有竞争力，生产中应以深色品种为主，无论什么颜色外观都要洁净、光滑、亮泽和艳丽。樱桃的果实形状，可分为肾形、心脏形、宽心脏形、短心脏形、长心脏形、圆形、近圆形、扁圆形等。在生产上要求的标准为：果形端正，光泽平滑，畸形果率要低于5%即可。

6.抗逆性要强 抗逆性包括抗裂果性、抗病性、抗旱性、抗涝性、抗寒性等。首先要看品种的抗寒性，要选择抗低温和霜冻能力强的品种；然后看品种的抗病性，要选择抗根癌病和流胶病能力强的品种；再看品种的抗裂果性，要选择雨后抗裂果能力强的品种；最后看品种抗涝性和抗旱性，要选择抗连续干旱和降雨能力的品种，只有选择抗逆性强的品种，才能获得丰产丰收。

（二）优良品种介绍

1.福晨

品种来源：烟台市农业科学研究院果树研究所，2003年杂交育种选出的极早熟、大果型、红色、异花结实优良品种，亲本为萨米脱×红灯。

果实性状：果实鲜红色，心脏形，缝合线平，果顶前部较平，果肉淡红色，硬脆；平均单果重9.7克，大者12.5克。果实纵径2.41厘米，果实横径2.95厘米，侧径2.49厘米，果柄长3.72厘米。可溶性固形物含量18.7%，可食率93.2%（图2-1）。

图2-1 福 晨

栽培习性：树势中庸，树姿开张，具有良好的早果性，当年生枝条基部易形成腋花芽，苗木定植后第二年开花株率高达72%，第三年开花株率100%。幼树腋花芽结果比例高。成年树一年生枝条甩放后，易形成大量的短果枝和花束状果枝。异花结实，可以用美早、早生凡、早丰王、红灯、斯帕克里、桑提娜作为授粉树。与瓦列里、友谊、奇好和早大果的S基因型一致，不能相互用作授粉树。烟台地区5月22～25日成熟。

2.早红珠（原代号8-129）

品种来源：大连市农业科学研究院，1974年从宾库自然杂交后实生选育的极早熟、大果、优质品种。

果实性状：该品种果实宽心脏，全面的紫红色，有光泽，平均单果重为9.5克，最大单果重为10.6克；果肉天竺葵红，肉质较软，肥厚多汁，品质优良，风味佳，果肉厚度为0.95厘米，可食率为89.87%；可溶性固形物含量为18%～20%，pH3.55，干物质含量为17.83%，可溶性总糖含量为12.52%，可滴定酸含量为0.71%；核卵圆形，较大，黏核，较耐贮运（图2-2）。

栽培习性： 该品种树势较强健，萌芽率高，成枝力强，幼树

图2-2　早红珠

期多以中长果枝结果为主，进入盛果期后多以花束状结果枝结果为主。自花结实率低，适宜授粉品种为佳红、雷尼、红艳、红蜜、红灯和晚红珠等。栽后4年见果，八年生平均株产20.6千克。该品种在大连地区3月下旬萌芽，4月中下旬开花，果实发育期40天左右，6月上旬果实成熟。该品种丰产、稳产，较抗细菌性穿孔病、叶斑病、流胶病。适宜于辽宁樱桃主产区及相似气候地区栽培。

3. 早露（原代号5-106）

品种来源： 大连市农业科学研究院，1974年从那翁自然杂交实生后代中选育的极早熟、大果、优质品种。

果实性状： 该品种果实平均单果重8.7克，大果重10.2克，果实可食率93.1%，可溶性固形物含量18.9%，核卵圆形，黏核。肉质较软，肥厚多汁，风味酸甜适口（图2-3）。

栽培习性： 该品种树势强健，生长旺盛，萌芽率高，成枝力强，枝条粗壮；一般定植后3年见果，果实发育期为35天，较耐贮运；大连地区5月末6月初果实成熟；自花不结实，授粉品种有红灯、红艳、佳红、早红珠等，与红蜜品种授粉不亲和。适宜于辽宁樱桃产区及相似气候地区栽培。

图2-3　早　露

4. 布鲁克斯（也称冰糖脆）

品种来源：美国加州大学戴威斯分校，用雷尼和早紫杂交育成的品种，1988年开始推广。在1994年山东省果树研究所从美国引入。

果实性状：该品种果实扁圆形，平均单果重为9.4克，最大单果重为12.9克；

果皮红色，底色淡黄，油亮光泽，果顶平，稍凹陷，有条纹和明显的斑点，多在果面亮红时采收；果肉紫红色，肉厚核小，可食率为96.1%，汁液丰富，果实含糖量为17%，平均比红灯高60%，含酸量为0.97%，平均比红灯低28%；果肉紧实、硬脆、干甜，耐贮运，在0～5℃下可贮藏30多天，风味不变（图2-4）。

图2-4 布鲁克斯

栽培习性：该品种为早熟品种，树体略小，树姿开张，枝条粗壮。果实发育期约39天，比红灯品种晚熟3天，比早大果晚熟6天；需冷量为680个小时，明显少于红灯，在保护地栽培时，可比红灯提前扣棚升温，提早成熟上市；自花不结实，授粉品种有红灯、早大果、美早等；丰产稳产，是保护地栽培首选品种，但枯干病较重，裂果比红灯略重。

5. 红灯

品种来源：大连市农业科学研究院，于1963年用那翁与黄玉杂交育成。

果实性状：该品种为早熟大果樱桃品种，平均单果重为9.6克，最大

单果重为15克；果实肾脏形，整齐，果皮红色至紫红色，色泽艳丽，果肉淡黄半软，果汁多红色，酸甜适口；果核圆形中大，半离核，可食率为92.9%；果柄短粗；可溶性总糖含量为14.48%，可滴定总酸含量为0.92%，干物质为20.09%，可溶性固形物含量为17.1%（图2-5）。

图2-5 红 灯

栽培习性：一般开花1～3朵，自花不结实，授粉品种有先峰、佳红、巨红和红密等。需冷量为1 170～1 240个小时，果实发育期约40天。该品种的最大优点是果实个大、色泽艳丽、成熟期较早、较耐储运、颇受消费者欢迎。缺点是肉质较软、皮薄、耐贮运性稍差、采收遇雨易出现轻微裂果，且许多果农栽后5～6年才少有结果，且产量低，效益差。克服方法是在栽植的前期，第一年重点培育主干，主干上不留条，到1.4～1.5米后，在主干上重度刻芽，发出条后极重短截，留基部的弱芽、两侧芽，这样每年短截、刻芽促发大量侧枝。另外，控制肥料的使用以减弱树势以便提前结果。这样在第四年即可成花、结果。

6. 明珠（原代号5-10）

品种来源：大连市农业科学研究院，1992年由那翁×早丰杂交后代优良株系10-58的自然杂交实生后代选育出的早熟、大果、优质、抗病品种。

果实性状：该品种果实宽心脏形，果皮底色浅黄，阳面着鲜红色，平均单果重12.3克，大果重14.5克，果实可食率为93.27%。可溶性固形物含量18%～24%，pH3.5，干物质含量为18%，总糖含量为14.75%，可滴定总酸含量为0.41%。风味甜酸可口，品质上乘（图2-6）。

图2-6 明 珠

栽培习性：树势强健，生长旺盛，萌芽率高，成枝力强，幼树期多以中长果枝结果为主，进入盛果期后多以花束状结果枝结果为主。自花结实率低，适宜授粉品种以红灯、拉宾斯、佳红和美早等为主。在大连地区，花芽萌动期为3月下旬，花期4月中下旬，果实发育期45天左右，6月上旬果实成熟。该品种抗病性较强，适宜于辽宁樱桃产区及相似气候地区栽培。

7. 早大果

品种来源：乌克兰农业科学院灌溉园艺科学研究所，用白拿破仑与瓦列利、热布列、艾里顿的混合花粉杂交育成，国内曾译名为"巨丰"。

果实性状：该品种果实大型，平均单果重11～13克，最大单果重18克，

图2-7　早大果
（A.初熟期鲜红色　B.成熟期紫红色）

果实初熟期果面鲜红色，8～10天后变为紫黑色。果面蜡质层厚，晶莹透亮。果实阔心脏形，缝合线紫黑色，果顶下有一明显隆起。梗洼较浅、中广。果柄中长、中粗。果肉紫红色。皮较厚，果肉较软，半离核，汁多味美，酸甜可口。可溶性固形物含量为16.8%，品质上乘（图2-7）。

栽培习性：该品种为早熟品种，树体健壮，定植后3年见果，以花束状和一年生果枝结果为主，花束状果枝以着生在2～5年生的骨干枝上结果最好，可连续结果5～6年。自花不结实，授粉品种有瓦列利、奇好和红灯等。抗寒性强，丰产稳产，耐贮运，但树体较大，要及时采用控冠措施。果实发育期38天左右，比红灯早熟3～5天，是鲜食、加工兼用的品种。

8.雷尼

品种来源：美国华盛顿州1954年，用宾库与先锋杂交育成的，1983年中国农业科学院郑州果树研究所引进。

图2-8　雷　尼

果实性状：该品种果实心脏形，平均单果重10克，最大单果重12克；果皮底色黄色，着鲜红色晕，可全面红色；果肉无色，质地较硬，可溶性固形物含量15%～17%，风味好，品质佳；核小，离核，果实可食率93%（图2-8）。

栽培习性：该品种为早熟品种，树势强健，生长旺盛，枝条粗壮，节间短，树冠紧凑；叶片大而厚，深绿色；栽后3年见果，以短果枝结果为主，早果丰产；花粉量多，自花不结实，适宜的授粉品种有宾库、先锋等，还是优良的授粉品种；较抗裂果，耐贮运，是一个丰产、质优的鲜食和加工品种。大连瓦房店地区，花芽有冻害、主干粗皮病和小枝上流胶病较重。

9. 福星

品种来源：烟台市农业科学院果树研究所杂交育种选出的中早熟、大果型、红色、异花结实甜樱桃优良品种。亲本为萨米脱×斯帕克里。

果实性状：果实肾形，果顶凹，脐点大；缝合线一面较平。果皮红色至暗红色，果肉紫红色，肉质硬脆；果个大，平均单果重11.8克，最大14.3克；可溶性固性物含量16.3%；可食率94.7%。果柄粗短，柄长2.48厘米。果实发育期约50天，烟台地区6月10日左右成熟，成熟期同美早（图2-9）。

图2-9 福星

栽培习性：树势中庸偏旺，树姿半开张。主干灰白色，皮孔椭圆形、明显。具有良好的早果性，苗木定植当年萌发的发育枝基部易形成腋花芽，幼树腋花芽结果比例高。成年树以短果枝和花束状果枝结果为主。自花不实，可以用美早、早生凡、萨米脱、红灯、桑提娜作授粉树。

10. 含香（俄罗斯8号）

品种来源：俄罗斯1993年育成，亲本为尤里亚×瓦列里伊契卡洛夫。

果实性状：该品种果实宽心脏形，双肩凸起，平均单果重12.9克；柄洼宽广，果面凸凹不平，似菱形，有光泽，果形前期长椭圆形，后期变宽心脏形；果实鲜红色至紫红色；果皮厚而韧，果肉肥厚硬脆，含可溶性固形物含量18.9%，总酸含量为0.69%；果核中大，椭圆形，半离核，可食率为95.17%（图2-10）。

图2-10 含香

栽培习性：中熟品种，树势强健，生长旺盛，树姿开张；枝条疏散、粗壮、较长、多斜生，萌芽率高，成枝力强。定植后3年见果，成花容易，早产早丰；花芽大而饱满，花粉量较多，自花不结实，适宜授粉品种有佳红、萨米豆、红密等；抗寒性强，耐贮运。在大连瓦房店地区6月10日左右果实成熟。

11. 美早 (Tieton)

品种来源：美国华盛顿州立大学灌溉农业研究中心Thomsk，1971年用斯太拉和早布瑞特杂交育成。大连市农业科学研究院1988年引入。

果实性状：该品种果实阔心脏形，顶端较平；果实大型，果个大小整齐，平均单果重10～14克，最大单果重18克；果实成熟前鲜红色，完全成熟时

图2-11 美早

紫红色，艳丽有光泽，果面蜡质厚；果肉淡黄色，肉质硬脆，肥厚多汁，风味上乘，可溶性固形物含量17.6％；核圆形，中大，半离核，果实可食率94.8％；果柄短粗，平均果柄长2.69厘米；果肉硬，特耐贮运，无畸形果，较抗裂果，采收期集中。抗寒、抗病虫、抗皱叶病（图2-11）。

栽培习性：该品种为中早熟品种的首选。果实发育期45天，比红灯晚熟3～5天，但成熟一致性好于红灯。树势强健，枝条粗壮，直立。萌芽率高，成枝力强。丰产，适应性强。花冠比较大，花粉多，自花结实率低，适宜的授粉树有萨米豆、佳红、先锋、拉宾斯等。美早生长较旺盛，适于在矮化砧木上嫁接。大连地区6月20日左右果实成熟。但该品种的最大缺点是成熟期遇雨裂果重，早采时口味略显酸涩，对细菌性溃疡病也较敏感。

12. 佐藤锦

品种来源：日本佐藤荣助用黄玉与那翁杂交育成，1928年命名为佐藤锦，是日本最主要的栽培品种。1986年烟台、威海引进，表现丰产、品质好。

图2-12 佐藤锦

果实性状：该品种果实宽心脏形，平均单果重8克，最大单果重10.6克；果皮底色为黄色，其上着有鲜红色红晕，有光泽，果实无缝合线，果肉鲜黄色，口感甜脆，风味极佳。可溶性固形物含量18％，总酸含量0.50％；核小，可食率96％；果皮厚，耐贮运；成熟期遇雨有轻微裂果。

果实过熟后，果皮色变暗，易出现"乌果"现象（图2-12）。

栽培习性：该品种为中熟品种，幼树长势旺盛，盛果期后树势中庸健壮，树冠接近自然圆头形；萌芽率高，成枝力强；形成花束状果枝容易；一般苗木定植后3年见果，5年后就可进入丰产期，稳产性极好；适应性强，抗寒，抗旱，耐瘠薄；在山丘地砾质壤土和沙壤土栽培，生长结果良好。果实成熟期一致，可一次性采收完毕。自花不结实，授粉品种有萨米豆、先锋、南阳等。

13.桑提娜（Santina）

品种来源：加拿大哥伦比亚省试验站，用斯坦勒与萨米特杂交育成，1996年推出的自花结实品种，1989年引入山东省烟台市。

果实性状：果实短心脏形，果形端正，果个大，单果重8.6克，果皮红色至紫红色，有光泽。果肉淡红，较硬，味甜，可溶性固形物含量18%，品质上乘，较抗裂果。可食率91.9%。成熟期集中，一次可采收完毕（图2-13）。

栽培习性：该品种是中熟品种，树姿开张，干性较强，主干灰白色，皮孔大且明显。定植后3

图2-13 桑提娜

年结果，以花束状果枝结果为主，早果性和丰产性极好，致使果个偏小，若亩产控制在1 200千克，平均单果重可达9.3克以上；花芽中等大，较饱满，自花结实，如配置美早、拉宾斯、红灯等授粉树，自然坐果率可达53.4%；抗寒性强，耐贮运；果实发育期为43～49天，在烟台地区5月22日成熟，比红灯晚熟5～7天。

14.萨米脱

品种来源：原名Summit，加拿大大不列颠哥伦比亚省萨默兰太平洋农业食品研究中心1973年杂交选育而成，亲本为Van（先锋）×Sam（萨姆）。烟台市农业科学院果树研究所1988年从加拿大引入。

果实性状：果实长心脏形，果顶尖，脐点小，缝合线一面较平。果个大，平均单果重11～12克，最大18克；果皮红色至深红色，有光泽，果面上分布致密的黄色小细点；果肉粉红色，肥厚多汁，肉质中硬，风味上乘，可溶性固

图2-14 萨米脱

形物含量18.5%；果核离核。果实可食率93.7%。果柄中长（图2-14）。

栽培习性：该品种是目前发展较快的中熟、大果型、红色、异花授粉优良品种。树势中庸，早果丰产性能好，产量高，初果期以长、中果枝结果，盛果期以花束状果枝结果为主。异花结实，花期较晚，适宜用晚花的品种如先锋、拉宾斯、黑珍珠等作其授粉树。生产中与大果型的美早、黑珍珠混栽，效果表现较好。中庸偏旺的树，结果好，果个大；弱树、外围不抽长条的树，果个小。该品种适宜乔化砧木。

15. 艳阳（Sunburst）

品种来源：加拿大大不列颠哥伦比亚省萨默兰太平洋农业食品研究中心1965年杂交选育而成，亲本为先锋（Van）×斯坦勒（Stella）1989年引入烟台。

图2-15 艳阳

果实性状：果个大，平均单果重11.6克，最大22.8克；果形近圆形；果柄粗、中长；缝合线明显内凹；果皮红色至深红色，有光泽；果肉玫瑰红色，果汁红色，果肉肥厚、质地偏软，核中大，可食率92.5%，果实可溶性固形物含量达17.5%（图2-15）。

栽培习性：该品种是目前山东、陕西栽培较多的红色、大果型、中熟、自花结实优良品种。幼树树姿较直立，分枝角度较小，盛果期树势中庸，树冠开张。早果性、丰产性均佳。花粉量大，是优良的授粉供体。进入盛果期后，树体易早衰，结果部位外移，内膛易光秃；栽培管理中，应加大肥水投入，控制负载量；合理密植，采取适当整形修剪措施，保持冠内合理光照。果实成熟前遇雨易裂果，采取避雨设施栽培。果实发育期55天左右。

16. 先锋（Van）

品种来源： 加拿大大不列颠哥伦比亚省萨默兰太平洋农业食品研究中心1944年Empress Eugenie实生培育。1988年烟台市农业科学院果树研究所引入。

果实性状： 果实中大，平均单果重8.5克，最大果重12.5克。圆球形，果顶平，缝合线明显。果柄短粗。果皮厚而韧，红至紫红色。果肉玫瑰红色，肉质脆硬，肥厚，多汁，甜酸可口。可溶性固形物含量20%，高者24%。果核小，圆形。可食率91.2%。果实耐贮运（图2-16）。

图2-16 先锋

栽培习性： 该品种目前生产中栽培较广的红色、中熟、中果型、异花授粉优良品种。树势中庸健壮，新梢粗壮直立。早果性、丰产性较好。花粉量大，可作授粉树和主栽品种。适宜授粉品种为雷尼、宾库等。耐寒性较差，冬春温度过低，易致花束状果枝死亡。果实在紫红色至紫黑色时采收，风味好，但晚采时遇雨，脐点处易出现小裂口。成熟期一致。

17. 宾库

品种来源： 1875年美国俄勒冈州从串珠樱桃的实生苗中选出，1982年山东省果树研究所从加拿大引入。1983年郑州果树研究所又从美国引入。

果实性状： 果实较大，平均单果重7.6克，大果11克；果实宽心脏形，梗洼宽深，果顶平，近梗洼外缝合线侧有短深沟；果梗粗短，果皮浓红色至紫红色，外形美观，果皮厚而韧；果肉粉红，质地脆硬，汁较多，淡红色，离核，核小，甜酸适度，品质上乘（图2-17）。

图2-17 宾库

栽培习性： 该品种为中晚熟品种，树势强健，枝条直立，树冠大，树姿开展，花束状结果枝占多数。丰产，适应性强。烟台成熟期在6月中旬，采前遇雨有裂果现象。适宜的授粉品种有大紫、先锋、红灯、拉宾斯等。适应性较强，丰产，耐贮运。

18. 佳红

品种来源： 大连市农业科学研究院，1973年用宾库与香蕉杂交育成。

果实性状： 该品种果实宽心脏形，大而整齐，平均果重9.57克，最大单果重为13克。果皮浅黄色，向阳面呈鲜红色，有光泽，果肉浅黄色，肉质较软，肥厚多汁，可食率94.58%，可溶性总糖含量13.17%，可滴定总酸含量0.67%，干物质含量18.21%，每百克果肉含维生素C10.57毫克。核小、黏核，卵圆形，风味酸甜适口，品质上乘（图2-18）。

图2-18 佳 红

栽培习性： 该品种为中晚熟大果樱桃，树势强健，生长旺盛，幼龄期树生长直立，结果后树姿逐渐开张。定植后3年结果，初果期树以中、长果枝结果为主，五、六年生后以花束状果枝结果为主。花芽多，大而饱满，花粉量大，连续结果能力强，丰产稳产。自花结实率低，适宜授粉品种有红灯、巨红等。果实发育期50天。在大连地区6月下旬果实成熟。

19. 黑珍珠

品种来源： 1999年，烟台市农业科学研究院果树研究所，1999年在生产栽培中发现的萨姆（Sam）优良变异单株。

图2-19 黑珍珠

果实性状： 果实肾形，果顶稍凹陷，果顶脐点大；果实大型，平均单果重11克，最大16克；果柄中长。果皮紫黑色、有光泽；果肉、果汁深红色，果肉脆硬，味甜不酸，可溶性固形物含量17.5%，耐贮运（图2-19）。

栽培习性：该品种是中晚熟优良品种。树势强旺，树姿半开张，萌芽率高（98.2%）、成枝力强，成花易，当年生枝条基部易形成腋花芽，盛果期树以短果枝和花束状果枝结果为主，伴有腋花芽结果。自花结实率高，极丰产。幼树结果，果个较大，类似美早；丰产期树由于挂果较多，果个趋中。管理上，一方面要加强肥水管理，保持中庸偏旺树势；另一方面要通过修剪，控制负载，以确保单果重在10克以上。

20. 拉宾斯（Lapins）

品种来源：1965年加拿大大不列颠哥伦比亚省萨默兰太平洋农业食品研究中心，Lapins K·D用先锋与斯太拉杂交育成，1986年推出。烟台市农业科学研究院果树研究所1988年从加拿大引入。

果实性状：果实中大，单果重11.5克（烟台现实生产中7～8克）。果形近圆形或卵圆形。果皮厚而韧，紫红色，有光泽。果柄中长、中粗，柄长3.24厘米。果肉肥厚、脆硬，可溶性固形物含量达16%，风味好，品质上乘（图2-20）。

栽培习性：该品种是目前生产中栽培较广的自花结实、紫红色、晚熟优良品种。树势强健，树姿半

图2-20 拉宾斯

开张，树冠中大。早果性、丰产性均佳。花芽较大而饱满，开花较早，花粉量多，自交亲和，并可为同花期品种授粉。抗寒性较强，可自花结实，在樱桃坐果率较低以及早春频发霜冻的地域栽培，可获得较好的产量和效益。树体负载量较大时，果个偏小。采收过早时，单果重、风味达不到该品种固有的特性。

21. 红手球

品种来源：日本山形县立园艺试验场，在1980年用Big与佐藤锦杂交育成。大连市农业科学研究院1998年从日本引进。

果实性状：该品种果实短心脏形或扁圆形，果实大型，平均单果重10.43克；果皮底色黄色，逐渐变成鲜红色、浓红色至紫红色，外观鲜艳美丽。果肉硬脆，在树上不易软化，果汁多。果肉初为乳白色，成熟为奶油色。果实没成熟时有苦味，成熟时苦味消失，果实含糖量20%，甜味多，有适量酸味，风

图2-21 红手球

味上乘，品质极优；核中等大，半离核，可食率为90％以上（图2-21）。

栽培习性：该品种为晚熟品种，树势中庸，树姿开张，萌芽率高，成枝力强。花芽形成容易，以短果枝和花束状果枝结果为主，每个花序坐果2～3个，丰产稳产。果实抗裂果，抗低温和霜冻，耐贮运，但采收时果柄易掉。但其树势易衰弱，要加大肥水供应。开花期比佐藤锦早1～2天，成熟期为盛花后65～70天，比那翁晚熟5天，在大连地区7月上旬采收。自花结实率低，适宜授粉品种有红秀锋、那翁、佐藤锦、南阳和红密等，与高砂不亲和。

22. 友谊

品种来源：山东省果树研究所1997年从乌克兰购买引进的专利品种。

图2-22 友 谊

果实性状：果实个大，平均单果重13克；近圆形，果顶平圆，梗洼窄浅，果缝线不明显；成熟时果皮鲜红色，鲜亮有光泽；果肉硬，离核，耐贮运；风味浓，可溶性固形物含量16%～19%，品质极佳，可鲜食或加工（图2-22）。

栽培习性：该品种属晚熟品种。树体生长健壮，成枝力中等，萌芽率高，成花容易，结果早，花期较晚，应选花期较晚的品种做授粉树。结果枝以花束状果枝和短果枝为主，花芽较大、饱满，卵圆形，适应性强，耐旱、耐寒。果实发育期约60天，烟台地区6月20日后成熟。

23. 胜利

品种来源： 山东省果树研究所1997年从乌克兰引进。

果实性状： 果实个大，单果重10克；近圆形，梗洼宽，果柄较短，果缝线较明显；果肉硬、多汁，耐贮运；果皮深红色，充分成熟黑褐色，鲜亮有光泽；果汁鲜艳深红色，果味浓，酸甜可口，可溶性固形物含量17.2%。在泰安地区6月上旬成熟（图2-23）。

图2-23 胜 利

栽培习性： 该品种为晚熟品种，果实发育期为55～60天。树体生长势强旺，树姿直立，干性较强；结果枝以花束状果枝和短果枝为主。该品种幼树进入结果期较晚，定植第5年开始结果，第6～7年进入结果盛期。平均每亩产量963千克。选择先锋、拉宾斯、艳阳、萨米脱、红灯中的2～3个作为授粉树。

24. 13-33

品种来源： 大连市农业科学院育成的黄色晚熟品种，日本引入后命名月山锦，是目前观光采摘的特色品种。

果实性状： 果个大，平均单果重10克，最大13克。果实圆形，果顶微尖；果面黄白至黄色，有光泽；果肉黄色，肉质较软，肥厚多汁，有清香，可溶性固形物含量19%以上，甜味浓，品质极上。可食率94.5%。烟台地区6月中下旬成熟（图2-24）。

图2-24 13-33

栽培习性： 幼树生长旺盛，树姿直立，结果后树势中庸，树姿开张，主枝分枝角度大，萌芽力中等，成枝力较强，盛果期后，花束状果枝，短果枝，中果枝皆可结果。自花不实，需配置授粉树。此品种果肉较软，不耐贮运，但可以作为观光果园的采摘品种。

25. 晚红珠 (8-102)

品种来源：大连市农业科学研究院，用宾库与日出杂交育成。

图2-25　晚红珠

果实性状：该品种果实宽心脏形，全面洋红色，有光泽。平均果重9.8克，最大果重11.19克。果肉红色，肉质硬脆，肥厚多汁，风味酸甜适口，品质优良；可溶性固形物含量为18.7％，pH3.4，干物质含量17.22％，可溶性总糖含量12.37％，可滴定酸含量0.67％，单宁含量0.22％，每百克果肉含维生素C含量9.95毫克；果核卵圆形，黏核，果实可食率92.39%（图2-25）。

栽培习性：该品种是极晚熟优良品种，树势强健，生长旺盛。当年生新梢拉平就可形成花芽，以莲座状和花束状果枝结果为主；花芽大而饱满，花粉量多，能自花授粉，但在红手球、红灯、佳红、巨红、拉宾斯等授粉品种的配置下，自然坐果率可达63％以上；在阵雨情况下，抗裂果能力强，但若连续降雨，仍会造成轻微裂果，多雨地区要进行避雨栽培；抗寒性较强，耐贮运，在大连地区7月上旬成熟。

三、优良砧木品种

砧木对樱桃品种的影响是多方面的，既影响其早果性、丰产性、果实大小、果实品质等生长发育习性，也影响其抗逆性和树体寿命，生产中出现的一些流胶、园相不整等问题也与砧木品种有相当大的关系，因此，选择合适的砧木在大樱桃栽培实践中具有非常重要的意义。

（一）如何选择砧木品种

首先要求与樱桃嫁接亲和性好、繁殖容易、固地性好、对土壤条件和气候特点等有较强的适应性，还要求能够提高樱桃产量、品质，能使树体矮化、促进提早结果等。但需特别注意以下几个方面：

（1）选择抗逆性强的砧木　要具有耐低温和抗霜冻的能力，要具有耐涝性和抗旱能力，要具有抗根癌病和病毒病的能力，适应各种气候和土壤条件生长的砧木品种。

（2）选择矮化和半矮化的砧木　要求树冠较小，树姿开张，生长中庸，结果较早，丰产稳产的砧木品种。

（3）选择亲和性好的砧木品种　要求嫁接成活率高，接口不流胶和抗小脚病的砧木品种。

（4）选择根系发达的砧木品种　要求粗细根的比例合理，固地性牢，吸收能力强。

（5）选择来源充足的砧木　要选择砧木苗来源充足，繁殖容易的砧木品种。

（二）优良砧木品种介绍

1. **中国樱桃**　小乔木或灌木，分蘖力很强，自花结实，适应性广，较耐干旱、瘠薄，但不抗涝，根系较浅，须根发达。作为砧木，嫁接苗木根系的深浅、固地性大小、不同种类有所差别。种子数量多，出苗率高，同时扦插也较易生根，嫁接成活率高，进入结果期早，但由于根系浅遇大风易倒伏。中国樱桃较抗根癌病，但病毒病较严重。目前生产上常用的有以下几种。

（1）大叶草樱桃　大叶草樱桃是烟台地区常用的一种砧木。当地所用草樱桃有两种，一种是大叶草樱，另一种是小叶草樱。大叶草樱叶片大而厚，根系分布较深，毛根较少，粗根多，嫁接樱桃后，固地性好，长势强，不易倒伏，抗逆性较强，寿命长。而小叶草樱叶片小而薄，分枝多根系浅，毛根多，粗根少，嫁接樱桃后，固地性差，长势弱，易倒伏，而且抗逆性差，寿命短，不宜采用。但当大叶草樱桃与长势强旺的品种如红灯、萨米特等嫁接培育成苗木时会延缓这些品种成花的时间，导致结果晚、产量低。

（2）莱阳矮樱桃　20世纪80年代山东省莱阳市林业局对当地中国樱桃资源考察时发现的，1991年通过鉴定并命名。主要特点是树体矮小、紧凑，仅为普通型樱桃树冠大小的2/3。树势强健，树姿直立，分枝较多，节间短，叶片大而厚，果实产量高，品质好，当地也用作生产品种。但嫁接树流胶病较重。

2. **本溪山樱桃**　主要分布在辽宁省的本溪、宽甸、凤城和丹东等地，为高大的乔木。该砧木抗寒、抗旱性强，耐土壤贫瘠，病毒病较轻，根系发达，多集中在10～40厘米的土层中，粗细根比例合适，固地性强，吸收能力旺盛；用种子繁殖苗木，与樱桃品种嫁接成活率高。该砧木品种发芽率高，生长快，繁殖容易，当年可嫁接，嫁接成活率为80%以上，嫁接苗生长旺盛；定植后3年结果。但该砧木不抗涝，不耐黏性土壤，容易患根癌病和小脚病。

3. **马哈利**　原产欧洲东部和南部，是欧美各国普遍应用的砧木，是一种标准的乔化大樱桃砧木。西北农林科技大学，从马哈利樱桃自然杂交种的实生苗中选出。该砧木品种树高3～4米，树冠开张，根系发达，长势强旺。抗旱，但不耐涝，适宜在轻壤土中栽培。嫁接苗进入盛果期后，要控制产量，负载量过大时树势衰弱。用实生播种繁殖，出苗率高，幼苗生长快，当年就可以嫁接，与樱桃嫁接亲和力较强，接口愈合良好；苗木生长势强，成苗快，结果早，具有一定的矮化作用；该砧木品种耐旱、耐瘠薄，抗寒性、抗根癌病、萎蔫病和细菌性溃疡病；但该砧木品种对疫霉病、褐腐病敏感；不耐潮湿、黏重的土壤；有小脚病，粗根多，固地性强，但细根少，大量结果后树势容易衰，大树移栽成活率低。

4. 马扎德　产于欧洲西部，用作砧木已有2 000多年历史，为北美地区应用最多的砧木。用种子繁殖苗木，每千克种子5 000～6 000粒，发芽率高可达80%以上。该砧木品种生长旺盛，树势强健，树体寿命长，产量高；固地性强，耐瘠薄，耐黏重土壤，耐干旱和潮湿；但其树冠大、结果晚，对细菌性溃疡病、萎蔫病、根癌病、褐腐病均敏感。

5. 考特　亲本为马扎德×中国樱桃，是英国东茂林试验站培育，是一个樱桃半矮化砧木，在1977年推出，1985年引入山东。考特分蘖力和生根能力均强，根系发达，须根多而密集，吸收能力强，粗根长势旺，固地性强，无小脚病；抗风、细菌性溃疡病、疫霉菌能力强；对土壤适应性广，植株成活率高，与樱桃嫁接亲和性好；幼树期树势强旺，随树龄的增长逐渐缓和，进入结果期后树势中庸，半矮化；分枝角度大，整形比较容易，定植后3年可完成整形；结果早，坐果率高，丰产稳产；树体仅有其他乔化砧的2/3，适宜矮化密植栽培和设施栽培；用扦插、分株繁殖容易。考特因长势较旺，育苗时与自花结实品种搭配更易成花、结果。但该砧木不抗旱。此外，有些果农反映生产上根癌病较重，但在潍坊、淄博一些地方应用考特作砧木的樱桃树龄已超过20年，至今树体长势较好，产量较高，在当地很受果农喜爱（图3-1）。

图3-1　考　特

6. ZY-1酸樱桃　砧木ZY-1是郑州果树研究所，在1988年从意大利引进的樱桃半矮化砧木。该砧木根系发达，生长旺盛，粗根细根均多，固地性和吸收性均强；该砧木与樱桃嫁接亲和力强，成活率高；分枝角度大，树势中庸，成形快，进入结果期早，丰产稳产，具有显著的矮化作用；适应土壤类型较广泛，抗干旱，耐瘠薄，在pH8以下的微碱性土壤上也能正常生长。但其根蘖较多，生产中多采用组织培养法，繁育砧木苗。

7. **兰丁系列**　为1999年在北京市农林科学院林业果树研究所进行远缘杂交所得。母本为甜樱桃品种先锋，父本为中国樱桃种质对樱。兰丁系列砧木根系发达，根系分布较深，侧生性粗根发达，抗根癌能力强，抗重茬，根系下扎，固地性好，耐瘠薄，较耐盐碱，耐褐斑病。嫁接树整齐度高，幼树生长旺盛，形成树冠快，但幼树新梢在大连地区有冻死现象，高寒地区引进需要注意。3年见果，4年丰产，果实品质优良。具体表现，各个甜樱桃栽培地区还在观察中（图3-2）。

图3-2　兰丁2号

8. **吉塞拉**　该砧木是德国培育的矮化砧木，用欧洲酸樱桃与灰毛叶樱桃杂交育成，为3倍体杂交种。山东省果树研究所在1998年从美国引进，现共引进17个吉塞拉优系，其中G5、G6、G7开始小面积试栽，目前G6、G7表现较好。该砧木品种根系发达，生长健壮，树姿开张，2年结果，4年丰产；抗病耐涝，对土壤适应性广泛，能在黏土地上栽培；矮化效果明显，树冠是乔化树的1/2～2/3，适宜密植和保护地栽培。但树势较弱，枝条生长量小，果个变小，易出现早衰，经济寿命短。采用绿枝扦插不易生根，最好用组织培养的方法繁殖苗木（图3-3）。

图3-3　吉塞拉

四、苗木繁育

（一）苗圃地的选择

櫻桃的苗木，多数通过嫁接方式进行繁殖。要想培育出优质的壮苗，就要选择好苗圃地（图4-1）。在选择苗圃地时，应考虑以下因素：

1.地势　要选择地势高，土层深厚，地块平整，背风向阳，光照充足的地块。

2.土壤　要选择土质疏松，通气良好，保水保肥，土质肥沃的沙壤土地块。不选择黏土地、盐碱地、菜地和果园地。

3.排水条件　要选择地下水位在1米以下，水资源充足，水质良好，能灌能排的地块。

4.其他　苗圃地要远离城市、交通方便、电源较近，同时该地区劳动力资源丰富。

图4-1　苗　圃

（二）苗圃地的规划

苗圃地的规划要坚持节约土地和方便管理的原则。规范化的苗圃，应有母本园、采穗园和繁殖园。并要规划出房屋、道路、排灌系统、包装场地等。

1. **母本园** 该园主要用来保存优良的种质资源，防止种性的退化和病毒的感染。作为采穗园的繁殖材料来源，或作为各品种的展示园。要制定管理制度，编号建档，并根据苗圃地规模，确定建立母本园的面积。

2. **采穗园** 该园主要提供良种的接穗，繁殖容易的自根砧木苗。最好栽植无毒的母树，保证无危险性病虫害。对繁殖母树要编号建档，采穗园的大小，可根据苗圃地的规模确定。

3. **繁殖园** 要根据培育苗木的种类，可分为实生苗培育区和嫁接苗培育区。为了管理作业方便，可采用长方形划区，长度不短于100米，宽度可为长度的1/2。繁殖园必须轮作倒茬，一茬不少于2～3年，并要搞好土壤的消毒处理。

（三）砧木苗的繁育

本溪山樱桃和马哈利通过种子实生繁殖。考特、吉塞拉、兰丁、大青叶、ZY-1等砧木的繁殖有压条、嫩枝扦插和硬枝扦插3种方法。压条繁殖比较慢，一般不用，故采取的繁殖方法主要是嫩枝扦插和硬枝扦插两种。嫩枝扦插根系发达，是最好的繁殖方法。吉塞拉还有通过组织培养进行工厂化育苗，不过费用较高。

1. **实生育苗** 采用本溪山樱桃、马哈利等作砧木，多采用实生播种法繁育砧木苗。实生法繁育的苗木，主根系生长旺盛，不但固地性强，而且成本低、繁殖系数大，生产上多数用此法繁殖苗木。

（1）**种子的采集与处理** 本溪山樱桃和马哈利，五六年生开始结果，但作为繁殖用的种子，要在10年生以上、无病虫害的健壮大树上采种。用种的果实不能早采和晚采，早采胚发育往往不成熟，晚采会导致种胚退化现象的发生，都会影响种子的发芽率。所以，果实应在充分成熟时，适时的进行采收。

采收后的樱桃种子应立即去净果肉，浸入水中用手搓洗。漂浮在水面的瘪种一律去除。捞出杂物后把沉入水下的种子捞出，沥干水分后的樱桃种子要马上进行层积处理，不要干燥贮藏，否则，会严重降低发芽率。将种子混以3倍的湿沙，贮藏于高燥、不积水、通风和背阴处，不可干放和太阳直射。在小雪前后取出种子清洗去杂，按1份种子混4份湿沙拌匀（沙子含水量50%～60%），然后装入编织带中，放置于0～4℃的环境中，160～180天完成后熟。

（2）种子的播种　在翌年清明节前后，当5厘米土壤深处地温稳定在5℃以上时，可将种子移至20℃以上的室内催芽，当有50%的种子破壳露白时，便可进行播种。在生产上，多数采用条播的方式进行播种，条播后不用移栽，可就地生长，当年或翌年春季就地嫁接。

在播种前要灌透水，然后要按行距30厘米、深度2～3厘米开沟，用生物菌剂K84与种子1∶10拌种，防治病害；在土壤不黏时进行播种，种子上盖1厘米厚的细河沙，沙子上面覆盖1～2厘米厚的锯末、谷糠等，并要覆盖地膜保墒增温，提高出苗率。要根据种子的发芽率计算下种量，山樱桃种子每亩的下种量约5千克，每亩保证出成品苗10 000株。但马哈利樱桃条播时，要采取宽、窄行播种，大行距70～80厘米，小行距15～20厘米，以备冬季大行取土防寒。

（3）砧木苗的管理　在砧木苗出齐后，要经常进行中耕松土，对过密的苗要移栽，对过弱、有病的苗要清除，小苗的株距应保持在5厘米左右，最好留捌子苗，增加每亩的株数。在砧木苗木质化前，要适当"蹲苗"，控制灌水；当苗木长出4～5片真叶后，要保证肥水的供应，每月追一次速效氮肥，每亩8千克磷酸二铵、或5千克尿素；当砧木苗够嫁接粗度时，要控制肥水，及时停止生长，增强其抗寒能力。

2.扦插育苗　扦插育苗是将植株的茎、根、叶等营养器官，离体插入沙土等基质中，成为一个完整植株的繁殖方法。该方法简单，可多季节应用，繁殖速度快，能保持和发展种性，生产上应用广泛。常用的有硬枝扦插和绿枝扦插。

（1）绿枝扦插　樱桃绿枝插条蒸腾量很大，插条剪口分泌的黏液还会进一步阻碍插条木质部的水分运输，从而加剧插条的水分胁迫。所以，保持扦插环境弱光照和高湿度的条件是樱桃绿枝扦插成败的关键。樱桃绿枝扦插一般要求光照控制在自然光照的30%～70%，湿度控制在70%～90%。

此外，必须建立育苗床。在建苗床时，先把苗床上搭建遮阴棚，然后建1米宽、10米长的苗床，苗床底部铺15厘米的粗沙石，上部填满20厘米厚的细河沙，苗床上方50厘米处安装喷雾设备，并把苗床扣上塑料薄膜待用。

中国樱桃、考特、吉塞拉等砧木，绿枝扦插适宜在半木质化时进行，可在6月末至8月中旬分批进行扦插。首先要把插条剪成15厘米长，上端保留一个完整叶片，插条上端剪口要平，下端剪口要斜，插条基部用生根粉1号浸泡，可显著提高扦插的成活率；扦插行株距为15厘米×5厘米，先用木棍打5厘米深的孔，把绿枝插入孔内，然后灌水沉实。要保证叶片不能接触地面，并保持叶面的清洁。

图4-2　绿枝扦插

扦插后白天要持续喷雾保湿，水温与苗床土温相近，中午温度过高时，打开塑料薄膜通风，晚间可以关闭喷雾，盖严塑料薄膜。在扦插后15天开始生根，此时要逐渐减少喷雾次数，当扦插苗成活后移栽于沙土中（沙、土比为3∶1），并进行喷雾和遮阴，翌年春季可将扦插苗移栽到大田里（图4-2）。

（2）硬枝扦插　由于硬枝的插条内贮藏养分多，操作方法简单，成活率高，被广泛采用（图4-3）。但成活率的高低主要取决于砧木种类，如果用本溪山樱桃、马哈利、马扎德进行硬枝扦插，成活率特低；如果用大青叶、考特进行硬枝扦插，成活率就很高。

在小雪前后，从无病的健壮母树上，要以树冠外围一年生枝、粗度0.5厘米的枝条为宜，进行采集。将硬枝条剪成长20厘米左右的枝段，上端剪口在芽上1厘米处剪平，下剪口在上剪口芽的对侧剪成马蹄形，然后按枝的粗细、长短分级，每50根一捆，将剪口平齐，绑缚标签后用湿沙贮藏备用。

图4-3　硬枝扦插

在翌年清明前后，按绿枝的规格剪成段，基部用50毫克/升的1号生根粉，浸泡12小时后进行扦插。要开沟深10厘米，行距30厘米，株距10厘米，把插条斜插入土中灌足水，然后埋土与接穗口持平或超过2个厘米；当15天后芽萌动时，再灌一次透水，并进行松土；当新梢生长到20厘米时，每亩追施5千克尿素，并要灌水；在雨季前要起垄培土；在入夏以后追施氮、磷肥，促进加粗生长；当砧木苗达到0.5厘米粗度时，就可进行芽接。

3.组织培养育苗　采用组织培养方法育苗，不但繁苗快，而且苗木不带病毒，生长健壮，萌芽率高，成形快，分枝角度大（图4-4）。其方法步骤如下：

（1）外植体的接种　在田间取一年生新梢，去叶剪成一芽一段，用自来水冲洗20分钟，在超净工作台上，用75%的酒精泡10分钟，再用0.1%的升汞水消毒10

图4-4　组织培养（吉塞拉）

分钟，然后用无菌水冲洗5遍剥去鳞片，切取带数个叶原基的茎尖，接入樱桃MS基本培养基中培养。

（2）继代培养　在被接入的材料培养1～2个月后，分化出的芽团可长到2～3厘米时，要转入新的培养基中进行增殖培养。

（3）生根诱导　当继代培养的芽长到3～4厘米时，可进行生根培养20天后，在生根培养芽的基部就可长出3～4条根，当生根苗长至3～5厘米高时，就可移栽炼苗。

（4）移栽炼苗　人工培养的组培苗，移栽前必须炼苗，要把培养瓶移到自然光照条件下，锻炼2～3天，打开瓶口再锻炼2～3天后便可移栽。移栽方法和遮阴管理，同实生苗移栽。

（四）苗木的嫁接

嫁接是植物无性繁殖方法之一。选取植株的一部分枝或芽，接在另一植株的枝干或根上，通过两者形成层的密接愈合，培养成为新植株的繁殖方法。嫁接繁殖既能保持接穗品种的特性，又可利用砧木的有利特性，利于实现早产早丰、促进矮化密植、提高抗逆性、改善品种结构和快速繁育苗木。

1. 接穗的采集与贮藏

（1）选择接穗的标准

①要选择健康、无病虫害的母本树，进行采集优良接穗，避免病虫害的传播。

②要在丰产树上，选择粗壮、充实、芽眼饱满的枝条作接穗。不能用徒长枝、幼树的枝条作接穗，否则嫁接苗木生长发育慢，开花结果晚。

（2）接穗的贮藏

①休眠期接穗的贮藏。该时期的接穗处于休眠状态，贮藏的时间长，要把剪下的接穗按50～100根捆成捆，在0℃左右、60%湿度和适当通气的条件下，可用窖藏、沟藏和气调库进行贮藏。

窖藏就是在菜窖内挖沟，然后用湿沙将接穗大部或全部埋起来，并保证通气即可；沟藏要选择地势高燥的阴凉处，于小雪前后挖宽1米、深1米的贮藏沟，长度按接穗量而定，把有品种标签的接穗用湿沙埋入沟内。要求湿沙保证60%的含水量，并要先灌水后埋苗，以免湿度大而霉烂；要求每隔1米长插一小捆玉米秆，以利接穗下端的通气；要求沟内保持较低的温度，最怕的是高温。

为了延长木质芽接的时间，可在小雪前将接穗用蜡封住剪口，用保鲜膜（贮藏苹果用的膜）把接穗全部包上，外边套上编织袋放入气调库中，在0℃左右的温度下（贮藏苹果的温度）可贮藏到翌年的5月末不发芽，这样樱桃的砧苗嫁接就可延长到5月末。

②生长期接穗的贮藏。要在枝条木质化时，选择生长充实、芽眼饱满、无病虫害的发育枝作接穗。当枝条采下后，要立即剪掉叶片留下叶柄，而后用湿纱布包起来，放在塑料口袋中备用。如果放在阴凉处贮存，接穗可保存2～3天；如果在冰箱内10～15℃，接穗可保存7～10天；如果从远地引种采接穗时，最好用保温瓶保存接穗。

2. 苗木嫁接的方法

樱桃苗木的嫁接方法，主要有芽接和枝接两种，一年内可在春季和秋末可进行两次嫁接。

（1）木质芽接法　取下的接芽带有少量木质部，称为木质芽接。木质芽接的砧木、接穗不用离皮，可常年进行嫁接。由于樱桃树韧皮部发达，芽眼突出，皮层较薄，木质芽接成活率很高。大连瓦房店市果农，春季播种的山樱桃苗秋季不嫁接，而在翌年春季进行木质芽接，在年末和上年秋季嫁接的苗同期出圃，这样不但省去半成品苗的防寒费用，而且成活率高，很少患根癌病。

樱桃砧每年春、秋可二次进行嫁接，春季在砧芽活动时进行，采用"包芽"接的方法，即用地膜塑料条包上接芽，但芽眼处只包一层薄膜，芽眼自已就可钻出来，不用人工解除包扎的塑料条，此时嫁接成活率高达80%～90%；秋季在8月20号以后，采用"露芽"接的方法，即用地膜塑料条包扎时露出芽眼，因此时包芽易流胶，影响接芽的成活率，此时嫁接成活率在60%～70%。

木质芽接时，先在接芽下方1.5厘米处横切至木质部，再从芽的上方1厘米处向下斜削一刀，深入木质部0.2～0.3厘米（约呈30°角），削过横切线。取下带木质的芽片，砧木的削切法与接穗相同（砧木选在光滑处），长度比接穗芽略长些，把接芽嵌入砧木，使接穗与砧木形成层对齐。砧木接口上方露出0.2～0.3厘米，然后用薄膜绑好即可（图4-5）。

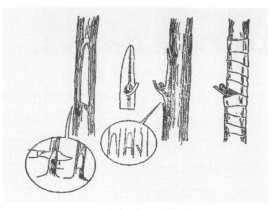

图4-5　木质芽接法

（2）枝接（切接）　先将砧木从离地表8～10厘米处剪断，再在断面上选平直而光滑的一侧，在木质部与树皮之间垂直切下，其长度与接穗的长切面相等，然后选长7厘米左右、具有2～3个饱满叶芽的接穗，下端一侧削成3厘米左右的斜面，对侧削1厘米的斜面成一楔形，削

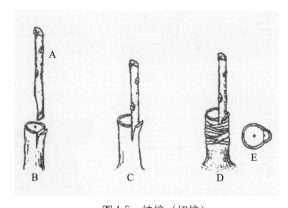

图4-6　枝接（切接）
A.接穗　B.砧木　C.插接穗　D.绑缚　E.接穗和砧木对齐

面要光滑。将接穗大切面向里插入砧木的切口中，使两者的形成层紧密结合，再用地膜将接口绑缚严实（图4-6）。

3. 嫁接后的管理　春季木质芽接后要分两次进行剪砧，第一次在接芽萌动（图4-7）时剪去砧苗茎干的1/3，并要抹除接芽下的所有萌蘖，接芽上方只留1～2个芽生长，其余萌芽也抹掉。砧木苗上留的萌芽，可吸收水分拉动接

图4-7　嫁接后萌芽

芽的生长，提高嫁接的成活率，但要控制不能生长太旺，以免影响接芽的萌发和生长。当接芽长到10～15厘米时，要在接芽上1厘米处全部剪砧，并要经常清除萌蘖，保证嫁接芽的生长优势。

秋季嫁接的苗木，在上冻前将半成品苗挖出，按冬季贮藏苗木方法贮存，翌春再重新栽于地下，或小雪前在接芽上培土20厘米厚，翌年春萌

芽前将土扒开，在接芽萌动时于接芽上1厘米处剪砧。

在苗木生长季节，要加强肥水、中耕除草、病虫害防治等管理。在肥水管理上，6月前追施氮肥3次的基础上，还要叶面喷施3次0.3%的尿素液，每次间隔10天左右，每次追肥后都要灌水；并在6月下旬对中、小苗，叶面喷施一次75%的赤霉素4000倍液，促进小苗的加速生长；7月在追施磷、钾肥3次的基础上，还要叶面喷施0.3%的磷酸二氢钾3次，每次间隔10天左右。在每次灌水和雨后都要松土，并要防治好病虫害，特别要注意梨小食心虫、绿盲蝽和穿孔病的防治，保护好叶片。在8月中旬以后，要控制肥水的供应，使苗木停止生长，提高苗木的质量。

4. 高接后的管理　为了更新品种、提高坐果率和恢复树势，可以进行大树的高接。要根据高接树形的结构要求，计算出接桩的数量、方位的安排，采用插皮接或腹接的方法，以利均衡树势，加速树冠的复原。如果对4年生以下树高接换头，可在主枝上高接，截干的适宜高度为30厘米左右；如果对5年生以上树的高接换头，接桩的最佳粗度为3～4厘米，一般高接后的第二年就可结果（图4-8）。

图4-8　高接后结果

在高接后要用塑料袋套上，提高其成活率。当接穗萌芽1厘米长时，撕破袋顶放风，当展叶时要解除塑料袋，同时抹除萌蘖，促进接芽快速地生长。在6月末解除绑扎物，当接芽生长到20厘米长时，要拴活扣绑扶固定新梢，对嫁接伤口要涂抹保护剂，促进接口快速愈合。但樱桃树不宜大面积的高接换头，因高接后接芽生长过弱，树势易衰易死。

（五）苗木出圃与贮藏

在苗木落叶后就可起苗，要在起苗前3～4天灌一次透水，确保起苗时根系的完整。在起苗时要圃内干燥，要严防雨后泥泞时起苗。最好用机械起苗，不但根系保持完整，而且起苗速度快。在起苗时要进行苗木的分级，要根据苗木品种、大小、质量好坏进行严格分级，可以参考表4-1。

表4-1　樱桃苗木的分级

项　目		规　格	
		一级	二级
品种与砧木纯度		≥95%	
侧根	侧根长度（厘米）	≥15	
	侧根粗度（厘米）	≥0.6	≥0.4
	侧根数最（条）	≥5	≥3
	侧根分布	均匀、舒展	
须根		多	较多
苗木高度（厘米）		≥80	≥60
苗木粗度（厘米）		≥0.8	≥0.6
根皮与茎皮		无干缩皱皮、无新损伤；旧损伤总面积≤1.0厘米^2	
饱满芽个数（个）		≥8	≥6
结合口愈合程度		完全愈合	
苗木成熟度		及时封顶，木质化程度好	
一般病虫害及检疫对象		无	

注：引自辽宁省地方标准《DB21/T1425—2006甜樱桃苗木质量标准》。

（1）临时假植　在秋季定植的苗木，要挖宽1米、深0.5米的沟，沟的长度根据苗量而定，将分级捆扎好的苗木，成捆排列在沟中，用湿沙土把根系埋好踏实，确保苗木不失水，准备定植时用。

（2）越冬假植　在春季定植的苗木，要选择地势高燥、背阴平坦的地块，挖沟宽1米、深0.6米的东西走向假植沟，沟长以苗量而定；把摆苗沟壁一侧做成45°斜面，然后将成捆的苗放一层，培一层湿沙（含水量60%为宜），最后苗干上埋土的厚度以不冻为宜。在翌春解冻后，要及时撤土倒窖以防烂苗。

图4-9　苗木沙藏

大连瓦房店市果农，冬季贮苗木可不挖沟，在背阴处作一个倾斜45°角的土岗，把成捆苗放一层，根系培一层湿沙（图4-9），四周培成土岗，然后灌水，使沙子与根系充分结合。在小雪上冻前，用塑料膜把苗木堆全部盖上，四周用土压住并保持透气，然后在塑料膜上放一层乱草即可。在翌春清明前后，撤掉覆盖物，揭开塑料薄膜即可，用苗时可随用随拿，此法省工、简单易行。

（六）苗木的包装与运输

1.苗木的包装　在苗木包装前，要把根系蘸泥浆或浸水和蘸吸水剂，保持苗木的水分，提高苗木的成活率。蘸泥浆就是用黏性较大的土壤，加水搅成泥浆后，把苗木根系放到泥浆中，使根系形成湿润保护层，但不要形成泥团，保证每株苗根系能轻轻分开；浸水就是用清水浸苗的根系（图4-10），让根系充分吸水，一般一昼夜为宜；水凝胶蘸根就是用强吸水性高分子树脂，加水稀释成凝胶，

图4-10　苗木浸水

把苗木根系放入凝胶中，形成一层保护层，防止苗木根系失水。

当苗木经过保水处理后，每捆50株用草帘、纸袋、塑料袋、化纤编织袋、麻袋等将苗木包装好。苗木不但要保湿程度高，而且要通气、隔热、防挤压、防碰撞和防折断。所以，使用的包装材料要遮光透气，然后把苗木包装成筒状，用绳子捆紧，附上标签，注明树名、品种、苗龄、等级、数量、质量检验证书、生产单位、地址和苗圃名称等。

2. 苗木的运输 如果短距离运输，苗木可散放在筐篓中。在筐底放一层湿润物，再将苗木根对根地分层放在湿铺垫物上，并在根间稍放些湿润物。筐装满后在苗木上面盖一层湿润物。用包装机包装也要加湿润物，以保护苗根不失水为原则。在苗木运输时，要经常检查包内的温度和湿度，适当通风。要选用速度快的运输工具，缩短运输时间。当到达目的地后，要立即开包假植苗木，如果运输时间较长，应将苗木用水浸一昼夜，再行假植。

五、科学建园

（一）园地选择

科学合理、高标准的选择园址，是关系到建园的成败、效益高低的重要环节（图5-1）。

1. 气候条件　樱桃树即不抗寒，又不耐高温。最适宜的露地栽培区平均气温10～12℃，日平均气温大于10℃的时间在150～200天，全年日照时数在2 600～2 800小时。此外，樱桃园春季的气候条件很关键，主要早晚温差和气温。樱桃容易遭受花期晚霜冻害，要观察拟种植地的霜冻具体发生时间和持续时间，总体温度不要低于0℃。花蕾期的临界低温为1.7℃，开花和幼果期在−1.1～−2℃时就会受冻，临界低温在−20℃时，大枝就会出现冻裂而流胶，在−25℃时就会大量死

图5-1　樱桃园

树。因此，四面环山的盆地、地势低洼的平地、丘陵的深谷地等小气候区域不宜栽植樱桃。可以选择山区，冷空气下沉向下走，在坡地或山地上种植樱桃，开花时要注意防霜冻。樱桃适宜于气候温暖、空气凉爽湿润、背风向阳的地块进行栽培。

2. **地势和土壤条件**　樱桃树即不抗旱，也不耐涝。最好选择地势高燥、土层深厚、土壤疏松肥沃、保水保肥能力较强的地块建园。要求活土层厚度1米左右，土壤有机质含量不低于1%，土壤适宜pH6.0～7.5，土壤容重为1.38克/厘米^3，土壤孔隙度为38.0%～57.3%。土壤孔隙度是限制樱桃树根系生长的关键，最适宜土壤中有50%的水和50%的空气，一般这类土壤颗粒较粗，孔大疏松，保水保肥能力差，有机质含量低，热容量小，增温和降温速度快，昼夜的温差大。所以，在定植前要彻底改良土壤，增施有机肥。

樱桃树适宜在3°～15°的山坡地栽培，因为山坡地空气流通，霜害较轻，光照充足，排水良好，病虫害少，果实味甜、色艳；但坡度大于15°时，水土流失严重，温度较低，物候期延迟，果实色泽差，品质低劣。一般南坡地光照充足，物候期早于北坡，果实成熟早，质量好，但易受日灼、霜冻、干旱的影响；北坡地日照较少，果园温度相对低，枝条不能及时成熟，果实色泽差，含糖量低，但比南坡抗冻能力强。

在建樱桃园前，还要对土壤中的砷、铅、汞等有毒物质进行检测，其残留量要符合国家生产无公害果品的标准要求，超过标准的土壤不能建园；并不宜在土壤含盐量超过0.1%的地块、地下水位高于80厘米、土壤黏重的地方建园。樱桃树对重茬非常敏感，容易患根癌等病害，需经过2年以上的轮作，并进行连作障碍的药剂处理，方可建立樱桃园和育苗。

3. **水质条件**　樱桃树对水分十分敏感，对水质要求也较高。樱桃树不能用含盐、含碱、受污染的水灌溉，否则，将会严重影响树体的生长发育。樱桃受降水的影响很大。夏季高温多雨，需要排水，否则就会减产死树。雨水多时，流胶病发生严重，干燥就不会受到影响。遇雨裂果问题也是樱桃种植选址的主要限制因素，从果实转色开始至成熟阶段，下雨都会对果实有有裂果风险。

4. **交通条件**　樱桃的果实成熟期集中，耐贮性差，应把园地选择在距离销地较近，交通运输方便的地方，以利于果实的销售。

（二）园地的规划与设计

在规划设计之前，要搞好当地社会经济情况的调查，以便预测市场，确定经营策略。并要搞清樱桃在当地的生产历史和现状、气候条件、地势和土壤条件的调查，以便确定定植方案，制定出土肥水管理技术措施。在调查后写出分析报告，实际测量地块面积，画出1∶500的地形图。在设计时，要达到各类设施齐全，科学定植，布局合理，才能保证安全的果品生产。

1. **防护林的规划**　防护林的主要作用是稳定气流，降低风速，改变果园的生态环境条件，减轻风、沙、寒、旱等自然灾害。防护林的防护范围为树高25～30倍，迎风面防护林能将风抬高林带高度的5倍。林带分为主林带和副林带，主林带与主风向垂直，宽10～20米；副林带与主林带平行或垂直，宽约5米。主林带间距约300米，副林带间距约500米。

在大连地区，冬季多西北风，而夏季多东南风，所以林带应设计在西北面和东南面。在防风林树种的选择上，要选择当地的乡土树种，能适应当地的生态环境，生长的速度快，枝叶繁茂，与樱桃树无共同病虫害，也不是樱桃病虫害中间寄主的树种。防风林的主林带要与建园同时进行，有条件的也可先行一步，使之尽快成林，发挥防护林的作用。

2. **定植区的规划**　首先要确定定植小区的大小和定植的行向，然后再划分小区，应遵循以下原则：

①要求同一小区的土壤条件基本一致，以保证小区内管理技术措施相同，利于提高生产效率。②要求有利于进行水土保持工程的规划和施工。③要求有利于排灌系统的规划。④要求有利于果树喷药、施肥等作业方便。⑤要求有利于运输和机械化作业。

作业小区以长方形为宜，可以提高耕作的效率。一般大型果园作业小区面积2～3公顷，山地小型果园面积1～2公顷。一般平地每10～15亩为一个定植区，山地每5～8亩为一个定植区。每个小区长边应与当地主风向垂直，平地果园以东西走向为宜；山地果园长边与等高线平行，并同等高线弯度相适应，不跨越分水岭和沟谷，不但减轻水土的冲刷，也有利于果园内的耕作。

3. **道路的规划**　为了方便运输，每块果园都要有道路系统。在园区道路（图5-2）的设置上，应与防护林、排灌水系统相结合。一般果园面积在100亩以上的，要设置大路、中路和小路；果园面积在100亩以下的，可设一条中路和几条小路；小型果园只设环园路。要求小路宽为2～4米，能通过小型拖拉机；中路宽为4～6米，连接大路和小路，能通汽车，是小区或大区的分界线；大路宽为6～8米，能保证两辆汽车对开，大路要与果园外的公路相通。

图5-2　园区道路

4. 排灌体系的规划　集约化经营的现代化果园，要求在灌溉上必须采用滴灌（图5-3）、渗灌和喷灌等现代化的灌溉方式，不仅可以大幅度节水，而且又不

图5-3　滴灌带

破坏土壤的结构。如果用传统地面明渠灌溉时，可在作业小区内分别设计灌溉沟、支渠、干渠，要求比降约为1/500，以保证流水的畅通。

在雨季高温要严防积水，如果树盘内积水72个小时以上时，就会造成死树。要设计好排水沟、排水支沟和排水干沟；在采用明沟排水时，要按一定距离挖掘地表明沟，排水沟的比降宜在1/500～1/300，支沟比降宜在1/1 000～1/500；要求排水沟的底宽30～50厘米，沟口宽80～150厘米，沟深50～100厘米，也可根据土质情况适当增减，以排出径流为准。

5. 施肥、喷药的规划　现代化经营的樱桃园，宜采用管网进行追肥和喷药，需要设计好水池、动力、管道、接口等设施。首先要按设计建好蓄水池，采用砖混水泥浆砌，并搞好防水，用于配制肥水或药液；然后按设计安装好各级管道；其次按设计确定好动力、外接口的数量和位置，一般2个相邻接口，间距不超过100米。如果只用于追肥，可与滴灌、渗灌、喷灌的管相连接；如果用于喷药，则接口处应采用可与喷药软管连接的阀门。

6. 建筑物的规划　樱桃园的建筑设施，主要包括管理用房、果品存放库、机车库、农具库、农药库、包装场、机井房、配药池、积肥池等。房舍主要有管理用房和生产用房；集约化经营的果园中要建分级包装场和冷库，要在果实采收后立即分级、包装，并进冷库降温贮藏；若有条件的可建饲养场、沼气池和粪便池，用以保证樱桃树的用肥和生活上的用气。

（三）整地

樱桃树的根系浅，分布在20～40厘米深的根系约占80%，而且根系生长速度相对慢，但是呼吸强度大，需要氧气多。所以，山地要修梯田防止水土的流失；平地要修台田抬高地势，防止涝害的发生。

1. 山地修梯田　首先要在园地有代表性的地方，自上而下地选定一条基线，根据坡度计算出梯田面宽度和地堰高度（表5-1）。

表5-1　不同坡度梯田面宽度和地堰高度

坡　　度	田面宽度（米）	地堰高度（米）	基点标记／间隔距离（米）
25°	2	0.9	2.2
20°～24°	3	1.1～1.2	3.2～3.3
15°～19°	4	1.1～1.3	4.1～4.2
10°～14°	5	0.9～1.2	5.0～5.1
7°～9°	6	0.7～0.9	6.0～6.1
5°	7～9	0.6～0.8	7.0～9.0

然后按梯田面外沿的位置，在基线上标好等高线基点，再由此基点向左向右，用水准仪或连通管测出等高线，每条等高线可保持3‰的坡度；其次在梯田上要放好2条线，一条是梯田岗放一条线，另一条是梯田定植沟放一条线。

要用挖沟机作业，先从坡下向坡上挖定植构和排水沟，定植沟要求沟深0.8米以上，沟宽的1米；排水沟要求深和宽各约50厘米。首先要在第一个梯田面从下往上1/3处定植沟，在梯田岗下挖排水沟，将两沟挖出的土作第一行的梯田岗；然后再挖第二行时把定植沟土放到第一行的定植沟内，把第二行排水沟土作第二行的梯田岗，这样一行导一行挖到山上。可在定植沟40厘米深处填上30厘米厚的作物秸秆，用以提高土壤肥力。定植沟上土层要高出地面30厘米，梯田岗和排水沟按要求整修好坡比，达到排水畅通。

2.平地修台田　平地虽然土层深厚，但雨后很容易积水，造成树体生长发育不良，严重时还会大量的死树。可在平地栽树时就地面定植，用行间土或客土培一米见方的树盘，以后几年沿栽植行填土修成台田，这种方法加快了雨季排水的速度，还提高了土壤的通气性。

（四）栽植品种与砧木的选择

1.适宜主栽品种（表5-2）

表5-2　适宜的主栽品种

类　　型		品　　种
露地栽培品种	早熟品种	红灯、布鲁克斯、早红珠、明珠、早大果等
	中熟品种	美早、桑提娜、佳红、黑珍珠等
	晚熟品种	萨米豆、拉宾斯、晚红珠、高沙、先锋、雷尼、红手球等
促成栽培品种		红灯、美早、布鲁克斯、早红珠、桑提娜、明珠和佳红等
促成栽培品种		萨米豆、拉宾斯、晚红珠、红手球等

2.适宜的砧木品种　樱桃的砧木影响其早果性、丰产性、果实大小、果实品质等，也影响其抗逆性和树体寿命，生产中出现的一些流胶、园相不整等问题也与砧木品种有关。要根据园地自然条件、土壤类型、栽植方式等，对砧木品种进行综合性考虑。如在大连地区，要重点考虑抗寒性和抗病性，以本溪山樱桃和马哈利樱桃做砧木较好。但马哈利樱桃须根少，抗涝性差，大树移栽不但成活率低，而且树势弱产量低，山樱桃根系易患根癌高，可采用药剂灌根等方法，防治好根癌病；而在南方云贵川高海拔地区和江浙沪部分地区，虽降水量不大，但雨季多为梅雨，连续降水，土壤水分容易饱和，加之土壤多黏性大，根系呼吸困难，应选择适应性强的吉塞拉系列，如 G5、G6 等；北方山岭薄地，特别是丘陵沙壤地，土壤瘠薄，有机质含量低，保肥保水能力差，建议选择生长势旺、根系深的抗旱砧木为宜，如马哈利、考特等；土壤肥力较好、透气性较好的平原地区，选择半矮化、半乔化砧木，如 G6、G12、G5 等；设施栽培，建议以吉塞拉砧木为宜；采用防雨棚矮化密植早实栽培，一般行距相对较小，建议选择 G6 砧木。

3. 授粉树的配置　在樱桃园中，只有配置足够数量的授粉品种，才能满足授粉、结实的需要。生产实践表明，樱桃园主栽品种约占70%，授粉品种不能少于30%；授粉树与主栽品种的树直线距离不能大于12米，小面积的果园可3～4个品种混栽，大面积的果园可以成行栽植。应选择与主栽品种授粉亲和的品种为授粉品种，对已知S基因型的主栽品种，可以根据品种的S基因型来判断，授粉树必须来自不同的基因型；对于未知S基因型的主栽品种，可以依据品种间亲缘关系的远近，选择关系远的品种，并经田间授粉试验确认为具有高亲和性的品种为授粉品种。常见主栽品种的授粉树见表5-3。

表5-3　常见主栽品种的授粉树

常见主栽品种	适宜授粉品种
早大果	红灯、布鲁克斯、桑提娜、萨米豆、先锋
红灯	布鲁克斯、佳红、早大果、桑提娜、先锋、萨米豆、拉宾斯
桑提娜	早大果、美早、萨米豆、拉宾斯、先锋
布鲁克斯	桑提娜、萨米豆、佳红、先锋
美早	萨米豆、桑提娜、佳红、先锋、拉宾斯
萨米豆	桑提娜、先锋、拉宾斯、佐藤锦
拉宾斯	桑提娜、甜心、先锋、晚红珠
先锋	桑提娜、佳红、拉宾斯、甜心、晚红珠、
巨红	佳红、红艳
5-106	佳红、红艳、早红珠
早红珠	红艳、巨红
晚红珠	红艳、佳红

另外，在确定授粉品种时，应考虑各品种开花期的早晚，授粉品种与主栽品种的花期应一致，或者比主栽品种早1～2天开花（表5-4）。

表5-4　各品种花期

类　型	品　种
特早花品种	红密、红艳、大紫、那翁等
早花品种	红灯、13-38、佐藤锦、拉宾斯、甜心（Sweetheart）、意大利早红、桑提那（Santina）等
中花品种	宾库、先锋、雷尼、斯太拉、烟台1号等
晚花品种	早大果、友谊、胜利、艳阳、萨米特、Sonata、Sylvia等

注：以上分类不同类型之间的花期相差1～2天，仅供参考。

（五）苗木的选择与处理

1．定植苗木的选择

①要求品种纯正，砧木类型准确。②要求枝条粗壮，芽体饱满，节间较短而均匀，不破皮掉芽。③要求皮色光亮，具有本品种典型色泽。④要求苗高80厘米以上，苗基部的粗度0.8厘米以上。⑤要求根系完整，须根发达，有5厘米以上粗根5条，长度在20厘米以上，不劈不裂。⑥要求无病虫等损伤。⑦要求不干缩失水，无冻害变褐，无水渍沤根。⑧要求嫁接口愈合良好。

2．定植苗木的处理

晚秋或早春购回的苗木应先假植。栽前剔除弱病苗，剪除根蘖、折伤的枝和根；用K84生物农药30倍液浸根防治根癌病；再用ABT生根粉1 000倍液浸根30秒，促进发根（图5-4）。

图5-4　苗木根系浸泡于生根粉溶液中

（六）定植

1．定植的时间

一般在春、秋两个季节定植（图5-5）。因甜樱桃不耐寒，最好还是在春季栽植。春季栽植则在早春土壤化冻后栽植。

2．定植方式

（1）**长方形定植**　用于平地定植，采用行距大于株距的长方形定植，通风透光条件好，便于机械化田间作业，有利于生长和结果。

（2）**正方形定植**　行株距相等的方式定植，便于纵向、横向、斜向的作业，但不利于种植间作物。

（3）**带状定植**　成带定植，带距为行距的3～4倍，带内较密，群体抗风雪能力增强，但带内作业不方便。

图5-5　苗木定植后

（4）等高定植　用于山地定植，要大弯就势，小弯取直的方法调整等高线；由梯田外沿往里1/3处进行定植，可以等行定植，也可以三角形定植。该方法工程量小，有利于水土的保持，有利于田间的作业。

3. 定植密度　要根据砧木、品种、土质和树形的不同，确定栽植的株行距。生长势强的品种，土肥水条件好，采用小冠疏层形树形的平地果园，株行距宜为3米×4米或3米×5米，每亩栽植56～44株；山地果园株行距宜为2米×4米或3米×4米，每亩栽植83～56株。生长势弱的品种，土肥水条件较差，采用纺锤形树形的平地果园，株行距宜为2米×4米或2米×5米，每亩栽植83～67株；山地果园株行距宜为2米×4米，每亩栽植83株。

4. 定植方法　冬前挖定植沟宽1米，深0.8米，及时施肥回填，浇水沉实，并起垄备栽。

（1）挖小坑、施底肥　土壤改良后、苗木栽植前，提倡"挖小坑、施底肥"的方法，即在起好的垄上挖40厘米³的小坑，施2锨腐熟好的土杂肥，然后将坑边的土刨一刨，与坑内的土杂肥拌匀，然后覆盖2～3厘米的表土。

（2）适当浅栽　放置苗木后舒展根系，然后填土、踏实、提动苗木，使根系与土壤密接。苗木栽植的深度一般不要超过嫁接部位。苗木栽植后要随即浇水，水渗入后，用土封穴，并在苗木周围培成高约15厘米的土堆，以利保蓄土壤水分，防止苗木被风吹歪。

5. 大树定植　在建设果园前，按照设计的时间和面积集中假植小苗，要求假植株数超10%的苗量进行定植，当假植树进入初果期后进行大树移栽，不但省工省费用，而且早成园、早结果、早收益。大树最好在春季移栽，不但成活率可达到95%以上，而且受伤的根系能很好地恢复，露地翌年就可结果。

大树移栽前先挖好定植沟，要求沟宽1米，深0.5米，施入足量腐熟的农家肥，与土混拌均匀，然后灌足水沉实备用（图5-6至图5-9）。在樱桃树发芽前2周，对移栽树标明品种和南北方向，从树冠外围投影向外20厘米开始环树下挖，要大根长留，小根多留，须根全留，栽树时南北方向不变，深度略浅于原定植深度。

对近距离可以带土坨移栽，要随起随栽，对远距离不用带土坨移栽，可用草袋包装根系予以保护；在栽植时要对大根进行修剪，对树上修剪程度是常规修剪的1.5倍，栽植时保证根系舒展，然后填土踩实做盘灌透水。为了提高移栽的成活率，可用海绿素2 000倍液＋移栽灵2 000倍液＋生根剂巴巴金4 000

图5-6 挖坑机挖坑

图5-7 定制坑

图5-8 施 肥

图5-9 浇 水

倍液，每次每株树用药液30～35千克，可连续灌根2～3次，间隔时间为10～15天，不但提高了成活率，而且又缩短了缓苗的时间。

樱桃树枝条易折，毛细根易干枯，在搬运时要固定好树体和保护好根系；定植后把主干培成大土墩，并用木杆3点固定；并要树盘覆上地膜，前期要经常灌水，萌芽后更要加强肥水管理，防治好病虫害。

6. 定植后的管理 苗木定植后留50～70厘米定干，注意剪口下第一芽不要离剪口太近。定干后用白乳胶或愈合剂涂抹剪口，以防风干。

苗木定植当年，应勤浇水、少施或不施肥，浇水10～12遍，保持根际土壤手握成团。在北方落叶果树产区，春季干旱少雨，樱桃苗木定植当年春天，应见干就浇，即果农所讲的浇"黄瓜水"。

六、土肥水管理

（一）土壤管理

樱桃树适宜于地势高燥，土层深厚，质地疏松，透气性良好，pH 5.6～7.0和保水保肥性较强的土壤上栽培；土壤好坏将会影响到水、气、热状况和土壤微生物的活动，对提高土壤肥力，促进根系生长发育有直接影响。

1. 深翻扩穴　山丘地果园多半土层较浅，土壤贫瘠，妨碍根系生长；平原地果园，一般土层较厚但透气性较差。樱桃园深翻，一是可以保持土壤的疏松透气，改善土壤的透水性和保水性，有利于根系生长，有利于土壤微生物的活动；二是结合秋施基肥，增加土壤厚度，保持施肥均匀；三是深翻时可以适当断根，起到增生深根的作用。

土壤水分的含量越向下层越稳定，温度条件也是如此，而土壤的透气性却相反，这是限制根系向下扩展的主要原因。在山坡地建樱桃园时，要对山坡地土壤深翻扩穴，熟化贫瘠的下层土壤，诱使根系集中分布层向下扩展；在黏土地和沙土地建樱桃园时，要对黏土地掺沙和沙土地掺黏土，并覆盖秸秆等有机物，不但改善其透气性，而且还能提高土壤的肥力；对地下水位较高的果园，要修台田（图6-1）

图6-1　修好的台田

增加土层高度，不但提高了透气性，而且又有利于雨季的排水；对于盐碱地定植前要挖沟，沟内铺30厘米厚的秸秆，可防止地下盐分的上升，又可防止养分的流失，还可有效降低土壤pH。

在山坡地向外深翻扩穴时，要做到株、行间翻通为止，深翻的深度要在50厘米以上，宽度要根据计划而定。深翻扩穴春、夏、秋三季均可进行，最好在秋季9月下旬至10月中旬，结合秋施基肥进行。该时期气温较高，根系处于活动期，断根容易愈合，形成新根多。

对土层薄的果园还可树盘压土，但压土前要刨一次盘，保证新旧土层融合在一起，阻碍下层土壤的透气和通水。山坡地压土一次厚度不能超过15厘米，沙土地不超过10厘米，可以每3年压一次。如果一次压土过厚，会影响根系的呼吸，往往造成烂根，引起树势的衰弱，严重时还能死树。对露出的根系立即用土培上，避免风吹日晒；对粗根系要修剪，以利伤口的愈合；对翻出的生土和熟土要分别堆放，在覆土时要打碎土块，并用熟土拌上有机肥覆在根系周围，然后培土踏实，灌透水即可。

2.松土和刨盘 松土和刨盘增加土壤的空隙，使气体交换畅通。如雨季白色吸收根向地表生长，这说明土壤含水量过多，深层土壤的透气性差所造成的；干旱时松土，不但减少水分的蒸发，而且又消灭了杂草；雨季松土，不但加速土壤水分的蒸发，而且增加了土壤的透气性。一般松土的深度以5～10厘米为宜，次数由降水和灌水次数而定。

在春旱较重的地方，刨树盘是春季抗旱的重要措施，一定要浅刨，春、秋各一次。刨盘要在距树干50厘米以外的地方进行，以免伤及粗根。

3.果园覆草 利用农作物的秸秆覆盖树盘（图6-2），可使土壤温、湿度相对稳定，减少土壤水分蒸发，有利于保墒节水；可使草腐烂产生胡敏酸，促使土壤团粒结构形成，提高土壤肥力，增强土壤通透性和保水保肥能力；它能抑制生长

图6-2 树盘覆草

季节的杂草生长；利于冬季抗寒能力增强，减轻树体的冻害和早春的抽条。

在开春和上冻前覆草为宜，开春覆草过夏可变为肥料，上冻前覆草可进

行防寒。覆草前要将树盘搂平，最好灌水后再覆草，并在草上压少量土以防风吹；覆草可2年一次，厚度在15厘米以上，过薄起不到保温、保湿、消灭杂草的作用，过厚则容易使早春升温慢，不利于根系的活动。覆草要做好以下3点：

（1）把秸秆切碎长约（5厘米）铺在树盘上，然后撒压少量土，防止被风吹走。

（2）春季在覆草上撒施少量尿素，避免引起早期土壤短期脱氮，造成叶片的黄化，同时也可加快覆草的腐烂。

（3）可用毒死蜱等喷施覆草1～2次，以消灭覆草中的虫害。

4.地膜覆盖　地膜覆盖树盘好处很多，如果为了增温保湿，可选用无色透明的地膜；如果为了灭草提高地温，可选用黑色地膜（图6-3）；如果为了

图6-3　地膜覆盖

降温和驱蚜虫、增加黄色品种的着色，可选用银色反光膜；如果为了提高苗木的成活率，可在新栽小树盘上覆地膜；如果为了降低设施内湿度和提高地温，可在升温后树盘上覆地膜；如果为了防止果实的裂果，可在果实放白时设施内地下全部覆上地膜。

在覆盖地膜前，首先要进行中耕松土，以免因含水多、透气性差而引起根系腐烂，然后在树干两侧做成90厘米宽的畦带，畦面要里高外低，再用70～80厘米宽的地膜，一次性拉通成两对面，并用土压好两侧和交接处；小树用1～1.2米地膜，从一侧切口穿过树干，然后拉平压土。覆地膜得留出空间，以保证根系正常呼吸和降雨后的放水。

5.树干培土　在定植以后即在樱桃树基部培起30厘米左右的土堆。培土除有加固树体的作用外，还能使树干基部发生不定根，增加吸收面积，并有抗旱保墒的作用。培土最好在早春进行，秋季将土堆扒开，这样可以随时检查根颈是否有病害，以便于及时治疗。

6.间作　为了充分利用土地和光能，提高土壤肥力，增加收益，可在行间合理间作经济作物，以弥补果园早期部分投资。间作时要留足树盘，面积不得少于1.2米。间作时间最多不超过3年。以不影响树体生长为原则。

（二）科学施肥

1. **樱桃树的需肥特点**　樱桃树要根据树龄、树势、土壤肥力和品种的特性，按照各个生长发育时期的需肥要求，进行适时适量的施肥，才能达到优质、高产的目的。樱桃树的生命周期，可分为幼树期、初果期、盛果期和衰老更新期（图6-4），其各时期的需肥特点如下。

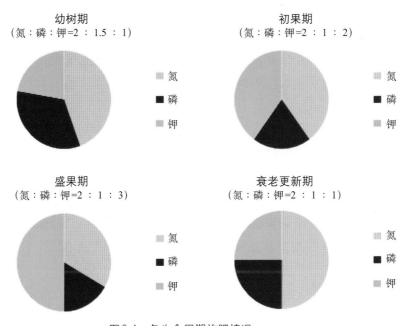

图6-4　各生命周期施肥情况

①幼树期。以营养生长为主，加长加粗生长速度快，多数营养物质用于器官的建造，营养物质9月才开始积累，不利于花芽的形成。该时期要以氮肥为主，磷、钾肥为辅，适宜氮、磷、钾的比例为2∶1.5∶1。

②初果期。又称生长结果期，营养生长与生殖生长同步进行，互相竞争。要在继续培养骨架的同时，控制好树势的旺长，促使初果期树及早转入盛果期，该时期要控氮、增钾、补磷，适宜氮、磷、钾的比例为2∶1∶2。

③盛果期。树冠最大，产量最高，是经济效益最好的时期；营养生长、果实发育和花芽分化关系协调。但该时期结果部位由内向外，自下而上进行转移，树体需要营养较多，不但施肥量要增加，而且要以钾肥为主，辅助氮、磷肥和微量元素，适宜氮、磷、钾的比例为2∶1∶3。

④衰老更新期。该时期树体机能开始减弱，营养生长缓慢，生殖生长最强，生命活力降低；地下根系萎缩，树冠下部和内膛小枝出现枯死，产量和质量明显下降。樱桃树经济年限只有20多年，明显衰老在40年以后，自然情况下寿命可达100年以上。该时期要以增施氮肥为主，控制好产量，减轻树体承载量，适宜氮、磷、钾的比例为2：1：1。

2. 年生长发育周期的需肥特点 在樱桃树年周期中，具有生长发育迅速，需肥量大而集中的特点。

①萌芽和开花期。大连地区4月下旬开始，萌芽、开花和坐果集中进行，该时期是氮、磷、钾肥需求量最多的时期，必须施好花后肥。

②新梢生长期及果实发育期。新梢从谢花后到果实成熟前为迅速生长期，新梢生长量是全年生长量的80%以上。果实发育过程表现如下3个时期：第一次迅速生长期、第二个阶段为硬核和胚发育期、第三个阶段是从硬核到果实成熟，该时期果实体积和重量再次迅速增加，为果实的第二次迅速生长期，又是新梢旺盛生长期，要做好花后的追肥。

③花芽分化期。在果实采收后，树体急需补充养分，再加之花芽分化时期集中、分化过程迅速的特点，该时期要追施采后肥，以满足花芽分化的需要；樱桃树易缺硼，缺硼花芽发育不良，致使只开花不结实，要注重硼肥的施用。

④落叶和休眠期。在果实采收后，要做好秋末施有机肥，并要保护好叶片，使叶片中的营养全部转移到树体内贮藏起来，以保证明年春季的需要。

3. 施肥的原则 要根据樱桃树需肥的特点，坚持以下的施肥原则：

（1）**以有机肥为主，化学肥料为辅** 要多施有机肥增加团粒结构，土壤缺少团粒结构就一盘散沙，团粒结构的形成靠有机肥分解产生的腐殖质。有机肥不但具有养分全面的优点，而且又能保证树体各个时期对养分的需求。并要在生长发育的关键时期，要追施适量的化学肥料，以保证树体对养分的需求。

（2）**增加树体养分的贮备** 樱桃树前期的施肥，都是保证树体生长发育的需要，但在采收后的施肥，都是为树体养分的贮存作准备。要在采收后，施好复合肥和有机肥，并从8月开始限制新梢旺长，保护好叶片，使霜冻后叶片中的养分转移到树体内贮藏起来，以备树体翌年春季对营养的需要。

（3）**抓住施肥的关键时期** 在樱桃树施肥过程中，一定要抓住落花后、采收后和秋末3个关键施肥时期。

（4）**要少量多次** 樱桃树根系浅，吸收能力较差，一次施入大量肥料不易很好地吸收，特别是化学肥料，只有少量多次的勤施，效果才好。

（5）**要水肥并施** 樱桃树每次施肥后，必须辅以浇小水，这样肥料溶解快，可以提前发挥肥效。

（6）**要因树势和品种而异** 施肥时要对病弱树、产量高树、土层薄的果园要多施；对花芽多、生长弱的品种（如萨米豆、拉宾斯）要多施。

（7）**要地下地上结合** 在地下施肥的基础上，为了提高坐果率，减少裂果，控制新梢旺长，增强花芽的抗寒性，防止冬末春初枝条的抽干，要搞好根外施肥。一般磷肥、钾肥和微量元素叶面喷施，方法简单，作用直接。

4.施肥的依据

（1）**测土配方施肥** 在施肥前对每块果园进行测土，根据土壤各种养分的含量，按照每个时期对各种养分的需求标准，制定出三要素（N、P、K）和微量元素的配比，有针对性地进行施肥。这种方法不但操作简单，而且还能达到平衡施肥，提高了肥料的利用率，避免了各营养元素之间的拮抗，减轻了有害物质在土壤中的残留。

（2）**叶片营养诊断施肥** 现代化的高标准樱桃园，应根据树体叶片营养分析和树体的形态表现，来确定矿质营养状况和某种元素的含量水平，然后制定出较为准确的配方，科学的进行施肥。

在盛花后第8～12周，随机采摘树冠外围中部新梢上中部的叶片进行化验分析，将分析结果与表中的标准量比较，制定出科学的施肥配方（表6-1）。

表6-1 樱桃叶片营养诊断标准

元素名称	不足	适宜	过量
氮（%）	＜1.7	2.33～3.27	＞3.4
磷（%）	＜0.08	0.23～0.32	＞0.4
钾（%）	＜1.0	1.0～1.92	＞3.0
钙（%）	—	1.62～3.0	—
镁（%）	＜0.24	0.49～0.9	＞0.9
硫（%）	—	0.13～0.8	
锰（毫克/千克）	＜20	44～60	—
铁（毫克/千克）	—	119～250	—
锌（毫克/千克）	＜10	15～50	—
铜（毫克/千克）	—	8～28	—
硼（毫克/千克）	＜20	25～60	＞80

5. 施肥时期与施肥量

（1）施肥时期

①秋末施基肥。在大连地区最佳施基肥时期为8月下旬至9月上旬，要早施不晚施，早施早溶解早发挥肥效，不但有利于花芽的内部分化，而且有利于树体贮藏养分的积累。有机肥最好用猪粪，少用或不用鸡粪，严禁用火碱消毒的有机肥。

②花后追肥。樱桃树萌芽和开花时期，主要利用树体内的贮藏营养，而果实膨大和新梢生长时期，主要依靠当年供应的营养。所以，花后追肥对果实膨大和新梢生长，有着重要的作用。

③采收后追肥。在果实采收后是花芽集中分化时期，要以复合肥为主进行追肥，辅以一些微量元素，可以保证花芽分化的顺利进行。

（2）施肥量　樱桃树期的施肥量不同，见表6-2。

表6-2　樱桃树期的施肥量

树龄	施肥量
1年生	该时期为新定植的小树，在小树定植前每亩应施有机肥1 500千克；在小树定植成活后，每亩应追施磷酸二铵3千克
2~5年生	该时期为幼果期，前期要以高氮、高磷、低钾为主；后期要以高钾肥、低磷肥为主，以防枝条的徒长，每亩应施有机肥2 000千克，复合肥（氮、磷、钾含量为20：10：10）15~20千克。落果后，每亩追施复合肥（氮、磷、钾含量为10：10：20）5~10千克；采果后，每亩追施复合肥（氮、磷、钾含量为20：10：10）10~15千克
6~10年生	该时期为初果期，每亩应施有机肥3 000~4 000千克，复合肥（氮、磷、钾含量为20：10：10）15~25千克。落花后，每亩追施复合肥（氮、磷、钾含量为10：10：20）15~25千克；采果后，每亩追施复合肥（氮、磷、钾含量为20：10：10）15~20千克
11~25年生	该时期为盛果期，每亩应施有机肥4 000~5 000千克，复合肥（氮、磷、钾含量为20：10：10）20~30千克。落花后，每亩追施复合肥（氮、磷、钾含量为10：10：20）25~35千克；采收后，每亩追施复合肥（氮、磷、钾含量为20：10：10）20千克，每亩追施尿素10千克，过磷酸钙15千克
26~30年生	该时期树接近衰老期，每亩应施有机肥4 500~5 500千克，复合肥（氮、磷、钾含量为20：10：10）25~35千克。落花后，每亩追施复合肥（氮、磷、钾含量为10：10：20）30~40千克；采收后，每亩要追施复合肥（氮、磷、钾含量为20：10：10）25千克

7. 施肥的方法　可用土壤施肥法、根外施肥法和随水冲肥法。

（1）土壤施肥法　可用于秋天施基肥和生长期追肥，它能长时间供应树体需要的各种营养。采用沟施比其他方法都好（图6-5），即在根系集中分布的区域，开环状和半圆状沟施肥，可充分发挥肥效。环状施肥沟，在树冠投影处绕树盘一周，挖一条30～40厘米深的沟，宽可根据肥料和扩穴要求而定。该方法适用于小树施肥，一年外扩一圈。半圆状施肥沟，在树冠投影处的树盘两侧，各挖一

图6-5　沟　施

条30～40厘米深的沟，长、宽可根据肥量和扩穴要求而定，然后将有机肥和化肥施入沟内。在生长期用放射状沟进行追肥，在距树干20～50厘米处，向外开4～6条沟，沟长至树冠外缘，沟深10～15厘米，要求树冠内浅和窄，树冠外围深和宽。

（2）根外施肥法　采用叶面喷施和树皮涂抹肥料的方法具有见效快，节省肥料的特点，是十分重要的、不可替代的施肥方法。

①叶面喷施法。用喷雾器将肥料喷到叶片的表面，再通过叶背气孔被树体吸收的方法，这是补充树体营养最快的方法。在花期要喷施0.3%硼砂液1～2次，有利于提高坐果率；在果实着色期要喷施0.3%磷酸二氢钾液2～3次，有利于增加果实的含糖量；在采果后要喷施0.3%～0.5%的尿素液1～2次，有利于恢复树势和花芽的分化；在8月末要喷施1～2次0.5%的磷酸二氢钾液，防止冬春的花芽冻害和枝条的抽干。

在叶面喷施尿素时，要注意缩二脲的含量，在含量小于0.5%时最安全，超过1%时叶片极易造成肥害。在叶面喷施磷酸二氢钾，是施用磷、钾肥的最佳方法，多次喷施可以代替土施。叶面施肥可以与防治病虫害相结合，但需保证两者之间无不良反应。在喷施的时间上，最好在下午和傍晚无大风时进行，以喷施叶背为主，便于叶片的吸收。

②枝干涂抹法。用专用型的液体肥料按一定比例稀释后，用毛刷子均匀的涂到树干上，通过皮孔渗入树体内，传送到各器官吸收和利用。

（3）随水冲肥法　在灌水时把肥料随水施入土壤中，不用挖沟，省时省工，有利于根系的吸收。要求速溶性的肥料，硝态氮肥好于铵态氮肥。

（三）水分管理

1. 适时灌水　要保持土壤持水量的60%～80%，才能满足树体的生长发育需要。在土壤相对含水量低于60%时就应浇水，可用手握土壤来衡量墒情，判断土壤田间持水量（表6-3）。

表6-3　土壤墒情表

墒情类别	干墒	灰墒	黄墒	褐墒	黑墒
感觉反应	手握土无湿意	手握土稍感湿意	手握土感湿意	手握土可成团	手握土可出水
相对含水量	<50%	60%左右	70%～80%	80%～90%	>90%

在年生长周期中，要重点灌好5次水。

（1）花前灌水　在樱桃树发芽和开花前灌水，不但有利于根系的活动，促进萌芽整齐，满足花期对水分的需求，而且还有利于降低地温，延迟开花期，防止晚霜危害。该时期灌水应在萌芽前进行，最晚不能晚于萌芽初，灌水量以灌透为度。

（2）硬核灌水　在樱桃树落花以后，15～20天时要灌一次硬核水。该时期为幼果膨大期，也是花芽分化开始期，如果在10～30厘米深的土壤含水量，低于田间最大持水量的60%时，会影响幼果发育和花芽的分化，形成"柳黄果"，严重时幼果容易早衰脱落。但不宜灌水过大，能灌透30～40厘米深即可。

（3）采果前灌水　樱桃在采收前10～15天，是果实膨大最快的时期，灌水对产量和果实的品质影响极大。该时期少量多次的灌水，能提高产量和果实的品质，又不会引起果实的裂果。

（4）采果后灌水　采收后，为了尽快恢复树势和确保花芽后期的分化，要结合追肥灌一次透水，对恢复树势和花芽分化很重要。

（5）封冻灌水　在落叶至封冻前，必须灌一次封冻水，有利于树体的安全越冬，有利于减少花芽的冻害，有利于促进根系健壮的生长，特别在预防抽条上效果明显。该时期灌水要灌透，以润透土层50厘米深为宜，灌水的时间要晚，以灌水后就能封冻为宜。

2.采用先进的灌溉方法

（1）滴灌　该方法节约水资源，提高水的利用率，又不破坏土壤的团粒结构，致使地面的板结。

（2）渗灌　通过地下管道将水渗到土壤中，借助土壤毛细管的作用湿润土壤，达到灌水的目的。该方法不但节水，而且又不破坏土壤结构。

（3）喷灌　该方法不但节约用水，而且夏季还可降低果园高温，改善果园内的小气候。

图6-6　滴灌

图6-7　喷灌

图6-8　渗灌

3.适时排水防涝　夏季高温多雨，樱桃园要特别注意排水，防止树盘内积水和土壤湿度过大，造成树体流胶病的发生。要在行间挖30厘米深，宽40厘米的排水沟，行间排水沟与四周排水沟相通，形成排水体系，保证2个小时内园中水排净，绝对不能出现园内积水现象。

（四）生草管理

果园种草是发展节水农业、循环农业、提高劳动效率和改善生态环境的技术措施之一，是樱桃园土壤管理的必然趋势。在树体行间种植豆科、禾本科等草本植物，或利用自然生草作为覆盖物，定期刈割，用茎秆覆盖树下，自然腐烂，

提高土壤肥力。果园生草可以降低土壤容重、缓解降雨对土壤冲刷和降低风速、增加天敌种类和数量、提高土壤肥力。

1. 果园种植生草的4种模式　①全园生草。②行间生草，树盘清耕。③行间生草，行内覆草。④株间覆草，行间清耕。

各种生草模式特点各异，但以②和④效果较优。

2. 生草品种选择和优良品种

(1) 果园生草品种选择的标准

①要选择植株低矮（40厘米以下），生长量大的品种。

②要选择以须根为主的品种，无分泌毒素或克生现象，没有共同病虫害，能栖息果树天敌。

③要选择生长时间短的品种，与当地自然生草一致，覆盖时间适宜。

④要选择适应性强的品种，耐阴耐踩踏，繁殖简单，管理省工。

(2) 优良生草的品种

果园种草可以种植1个品种，也可以种植2个品种。人工生草多选择豆科和禾本科植物（图6-9）。

图6-9　部分优良生草品种
(A.白三叶　B.红三叶　C.鸭茅　D.黑麦草　E.紫花苜蓿)

豆科品种有：白三叶、红三叶、紫花苜蓿、沙打旺、多变小冠花、百脉根、紫云英、田菁、苕子、扁茎黄芪、鸡眼草等。

禾本科品种有：多年生黑麦草、草地早熟禾、鸭茅、牛筋草、结缕草、燕麦草等。

3.播种时期与方法

①播种时间。生草的播种可分为春播（3月中旬至5月上旬）和秋播（8月末至9月末）2个时期。

②播种方法。先清除行间杂草，深翻土壤，施好肥料，整平土地，再根据生草模式进行播种。一般行间播种宽约2米，草带边距树基部约1.0米；每亩播种量为1.0～1.5千克，播种时把种子与适量细沙拌匀，播种后及时洒水，然后覆土；春季以条播为好，行距为30厘米，播种深度为2～3厘米；秋季以撒播为好。

4.果园生草的管理

①幼苗期的管理。要适时进行施肥与灌水，清除杂草，作好补苗；当草形成草坪后，对草和树均应增施氮肥，早春应比清耕园多施50%的氮肥，旺盛生长期果树要叶面喷施3～4次氮肥，以缓解草、树争肥的矛盾。

②生草的刈割。在生草长到30厘米以上时，要进行刈割，一般豆科草留茬高度为茎的2节，对茎节生根的草，留茬高度为8～10厘米。全年刈割3次，将割下的草覆盖在树盘内；对秋季长起的草不再刈割（图6-10）。

图6-10　机械割草

在生草生长7年以后，草逐渐的老化，地表变硬，通透性变差，应于春季浅度翻压，经过1～2年的休闲，再重播生草。

5.自然生草的选择　为了省工方便，可利用果园内的自然杂草，其适应性强，不需人工播种，管理简单，不但降低了生产费用，而且又形成了当地的生草资源。

6.果园的间种　在幼树果园内可以进行间种，但要选择矮棵、浅根、生育期短和需肥量少，并且与樱桃树需水、需肥期错开，没有共同病虫害或互为中间寄主的作物，一般豆科作物较为理想，可获得一定的经济效益。

七、花果管理

（一）提高坐果率的措施

1.配置好授粉树　樱桃树多数品种自花不实，即使是自花结实的品种，配置授粉树也能显著的提高坐果率。所以，只有配置足够的授粉树，才能满足樱桃树授粉、受精的需要。授粉品种要求不低于30％，每块果园不能少于3～4个品种。

要科学、合理的安排授粉品种，要均匀、足量的搭配授粉树，必须保证授粉品种距被授粉品种不超过12米。对小面积的果园，几个品种可以混栽；对大面积的果园，主栽品种和授粉品种可成行栽植，以利于授粉和采收。

2.利用访花昆虫授粉　樱桃树花小，花粉量少，采用人工授粉难度较大，利用昆虫的采花活动，达到授粉的目的，不但省工、省力，而且增产效果显著。但要严禁喷施各种杀虫剂，以保证各种蜂的安全活动。

（1）蜜蜂授粉　在樱桃树的开花期，每亩地放养1～2箱蜜蜂，就能解决授粉的问题（图7-1）。

（2）壁蜂授粉　在花期采用壁蜂授粉好于蜜蜂，壁蜂种类很多，角额壁蜂（又叫小豆蜂）是从日本引进的一种壁蜂，它具

图7-1　蜜蜂授粉

有适应性强、春季活动早、活动需温低、活泼好动、采花频率高的特点。在12℃时即可出巢采集花粉，15℃以上时十分活跃，与樱桃花期温度相符合。在樱桃树花前一周，从冰箱内取出蜂茧放入蜂巢上，5天后为出蜂高峰期，每亩放蜂量为300只左右，要在背风向阳的地方设置蜂巢，蜂巢要距地面1米。

（3）熊蜂授粉　熊蜂的授粉能力极强，少量工蜂即能充分满足授粉需要，能使用一个生长季节。熊蜂初始活动温度低，10～12℃即可活动，飞翔能力强。但是熊蜂个头大，数量少，逃逸能力强，不太适合樱桃等花量大的果树授粉，保护地栽培中一般采用蜜蜂和熊蜂结合的方法授粉（图7-2）。

图7-2　熊蜂授粉

3.人工授粉　人工授粉要采花取粉，要从早开花蕾上采摘含苞待放的大铃铛花，在室内用手将2朵花心相对揉搓下花药，薄薄地摊于光滑的纸盒内，置于无风、阴凉、干燥室内阴干，保持温度在20～24℃，经一昼夜花药散出花粉，然后把花粉装入授粉器中备用（图7-3）。在开花的1～4天内，每天上午9时至下午

图7-3　授粉器授粉

15时，是进行人工授粉的最佳时间。可采用以下方法进行人工授粉。

（1）授粉器授粉　用青霉素小瓶作授粉器，在瓶盖上插一根细铁丝，瓶内铁丝顶端套上2厘米长自行车的气门芯，并将顶端翻卷塞上药用棉球，瓶内装上花粉，瓶外套上纸避光，然后进行人工每朵点授，这种授粉方法虽然费工，但授粉效果最好，经济效益可观。市面上也有现成的授粉器售卖，按照说明书使用即可。

（2）用鸡毛掸子授粉　在初花期到盛花期，用鸡毛掸子在授粉树的花朵上轻轻滚动后，再到被授粉树上轻轻的滚动，这样就完成了授粉，每天进行一次，持续3～5天，花后1～2天效果最佳。

（3）**喷液授粉** 在盛花期，将每克花粉兑水1千克，用手握小喷壶轻轻喷到花的柱头上。最好用当年采集的花粉授粉，也可以用上年贮藏的花粉。

花粉的贮藏很简单，可将采集花粉装在硫酸纸袋内，袋外装上干燥剂，用塑料袋包裹严密后，在−20℃以下温度、干燥、避光条件下冷藏。要授粉时从冷冻箱中取出花粉，在室温条件下放置4个小时以上，就可进行授粉。

4.**叶面喷肥** 在樱桃树花开25%左右时，向树体喷施一次0.2%尿素液＋0.3%硼砂液＋磷酸二氢钾600倍液，可明显提高坐果率。因硼能促进花粉发芽和花粉管的伸长，能提高花朵坐果率13%左右；或在盛花期喷施一次150毫克/升的钼酸钠，坐果率分别提高41.40%和39.96%，比自然坐果率分别提高17.6%和16.1%。

5.**喷施植物生长调节剂** 采用喷施赤霉素等生长调节剂，不但能显著地提高坐果率，而且还能增强细胞的新陈代谢、加速生殖器官的生长发育和防止花柄和果柄产生的离层。配方如下：

（1）在盛花期前后，喷2次30毫克/千克的赤霉素液，能明显提高坐果率。

（2）在花期喷施20毫克/升6-KT（6-糖氨基嘌呤）和30毫克/升赤霉素，坐果率可达56.9%，比单独施用赤霉素提高6.8%，比自然坐果率提高21.2%。

（3）在盛花期用赤霉素200～500毫克＋萘氧乙酸50毫克＋低缩二脲300毫克＋水1升混合后喷花，坐果率可达到53.5%～93.8%，不但显著提高了坐果率，而且还能增加产量。

（二）促进优质大果的措施

1.**疏花芽** 在樱桃树进入盛果期后，营养生长减弱，生殖生长旺盛，花芽量极大，结果很容易超量，造成树势严重衰弱，树体一旦变弱就很难恢复。盛果期樱桃树只要有30%的花坐果，就可以保证当年产量。所以，在花芽膨大期至开花前，将短果枝、花束状果枝基部弱小花芽疏除，使每个果枝上留3～4个饱满花芽，这样可以增加每个花芽营养物质的供应量。

2.**疏花** 在樱桃树的花蕾期，要疏除发育差的小花蕾和畸形花蕾；在开花期疏去双子房、弱质和晚开的花，每个花序可留2～3朵花为宜；在开花后剪去下垂、细弱和连续多年结果的花束状结果枝，这样可以增大果个（图7-4和图7-5）。

图7-4　人工疏花

图7-5　机械疏花

3.疏果　在疏花芽和疏花的基础上，疏果是进一步提高优质大果的生产技术。根据日本山形县研究，樱桃的合适坐果量为开花数的15%～20%，最大坐果量不能超过开花数的50%，叶果比以1∶4～5为宜，最低叶果比为1∶3。

在花后16天开始（第二次生理落果前、硬核期），疏去小果、双子果、畸形果、细弱枝和下垂枝过多的果实（图7-6和图7-7），保留横向及向上的大果，一般花束状果枝、短果枝留3～4个果。疏果不但能调整树体的负载量，而且还能提高产量和果实的品质。

图7-6　双子果

图7-7　畸形果

温馨提示：

　　在生产中要控制双子果的形成，所谓双子果，就是一个花柄具有两个以上的雌蕊产生的果实。双子果的花为多瓣花，双子果商品性很低，是在花芽分化期遇到高温所致。所以，要在果实采收后的2个月内，每10天叶面喷施一次磷酸二氢钾，或树上架设遮阳网，可明显减少双子果的发生。

4.增施肥水　果实膨大期是果实成熟时果重的50%～75%，该时期是需肥水的高峰期，要以土施速效性氮肥为主，结合叶面喷肥，以满足坐果和果实膨大的需要；并对新梢反复摘心控制生长，缓解新梢与幼果养分的竞争，促进果实的膨大。在果实采收后是花芽分化期，该时期应加强肥水供应，促进花芽良好的分化，为下一年度的产量打好基础。在果实的第二次膨大期，喷施5～10毫克/升的赤霉素液，可使果实可溶性固形物含量提高11%～13%，有效地提高了果实品质。

（三）促进果实着色的措施

樱桃果实着色是成熟的标志，促进果实着色是提高果实品质的重要技术措施。

1.摘叶和绑叶　在果实的着色期，将遮挡果实的叶片适当摘除，留下的叶片用橡皮筋绑在一起，这样果实着色早，上色均匀，成熟期一致，含糖量也能提高；在果实采收后，要及时解开绑叶。

2.铺设反光膜　在果采收前10～15天，要在树冠下（温室后墙）铺银色反光膜，利用太阳的反射光，增强果实的浴光程度，促进果实的着色，提高果实的品质（图7-8）。

3.喷施赤霉素　在果实第二个膨大期，喷施5～10毫克/升的赤霉素液，不但明显改善果实着色，而且果实外观和品质都有提高。还可在谢花后喷3次叶面肥（腐殖酸类，含钛等多种微量元素），可7天喷一次，增色提质效果明显。

图7-8　铺设反光膜

八、整形修剪

（一）整形修剪的意义与作用

整形就是在不违背生长发育规律的原则下，通过一系列的修剪方法，科学合理的利用空间，增加单位土地面积上的枝叶量，将树体培养成骨架合理、枝条分布均匀、节约使用空间、充分利用光照、便于管理的树体结构。

修剪就是在一定树形的基础上，调整树体营养物质的制造、积累和分配的平衡，避免生长、成花、坐果之间营养物质的竞争；调节树体生长与结果、衰老与更新的矛盾；使树体生长健壮，丰产稳产，延长结果年限，提高每亩的经济效益。

整形与修剪相辅相成，密不可分。①能调节生长与结果的平衡。②能调节光照强度，增强光合的作用。③能调节树体营养物质的生产和分配。④能调节树体果实的负载量。所谓果实的负载量，就是指每亩果树所结果实的数量。目前，整形修剪总的发展趋势是树形简单，骨干枝级次少、低树高矮树冠，由人工修剪向化学、机械修剪的转化。随着向现代化栽培管理的发展，整形修剪要由过去以春季修剪为主，向春、夏季修剪相结合的修剪转化；由过去的稀植栽植、大树冠整形为主，向密植栽植、小树冠整形方面转化；由过去幼树以整形为主，向整形与结果相结合的修剪转化；由过去的盛果期树以高产为主，向限产、优质、高效的修剪转化。只有实现整形修剪的简单化，才能实现生产过程的标准化。

（二）高产树形及其整形修剪方法

现代樱栽培，树体矮化，树形结构简单，中干健壮直顺，中干上直接着生结果枝、临时性主枝等，基本没有永久性主枝，冠形窄、薄、透，光线直接照射到中干上。

1. **纺锤形** 该树形结构简单，主枝级次少，只有主枝没有侧枝，低树高矮树冠，树体结构便于更新，单位面积的产量高。适宜的株行距为2.5～3米×3.5～4米。

图8-1 纺锤形

（1）**树体的结构** 该树形有粗壮挺拔的中心干，要求干高50～60厘米，树高2.5～3米；在中心干上每隔40厘米左右，按不同方向选留一个主枝，水平生长，插空排列，螺旋上升，单轴延伸；全树选留15～20个主枝，主枝下大上小，每个主枝上不留侧枝，直接着生结果枝组；主枝年龄最好比中心干小1～2龄，主枝粗度是同部位主干粗的1/4为宜，主枝开张角度80～90度为宜，这种树形产量较高。

（2）**整形修剪的方法** 苗木定干高度70～80厘米，如果定干低了，主干延长枝生长势强，侧生分枝少且生长弱。同时，要在芽尖露绿时进行刻芽，首先对剪口下第2～4芽用手抠除，防止与主干竞争，然后从距地面50厘米向上，每隔2～3个芽用大牙钢锯条，在芽上0.5厘米处横锯一下，深到木质部，上轻下重，宽度为枝条粗度的1/2，螺旋式向上刻。

在侧生新梢生长到30厘米时，用手进行2～3次拿枝软化，使其接近水平状态，并要保持到秋季落叶。采用刻芽的方法，促发的枝条多，第二年主枝好选择，并在6月中、下旬对预留的主枝生长弱时，可在主枝基部上方1厘米处，横割一刀，深达木质部，促进此枝生长势变强。但要注意生长季节尽量不疏枝，保留足够的叶面积，增加光合作用产物，促进加速生长。

在第二年春天，对中心干上的延长枝，在60厘米处短截，剪口下第一个芽保留，用手抠除第2～4芽；在侧生分枝中，可用如下方法培养主枝。

①从分枝中选留主枝，疏除竞争枝，对主枝进行拉枝和刻芽处理。在之后的几年里，均按此法处理中心干延长枝和主枝，可提早一年结果，但选留的主枝基角小，树势生长旺，中心干容易衰弱。所以，要尽早疏除未被选留的主枝、竞争枝和强旺枝，抑强扶弱，平衡好树势，促进早成花、早结果。

②要留桩修剪，在疏除竞争枝以后，对侧生分枝留0.5～1厘米极重短截，剪口朝上，要短桩从下方发出新枝。该方法选留主枝虽然晚一年结果，但拉开主干和主枝间的粗度差距，使主枝基角处于水平生长状态，树势生长缓和，后期来花容易，树体负载力大，可达到稳产、高产的目的。所以，要从第三年开始，对主枝两侧进行刻芽，对新梢进行摘心，促进早成花早结果。在以后几年里，均按此法处理中心干延长枝和主枝。

温馨提示：

纺锤形树形在整形修剪时，一是要解决好主枝角度，凡是基角小、生长旺的主枝，要坚决疏除；二是要多疏少截、轻剪缓放，要坚持"疏直留平""疏强留弱""缓平不缓直""缓弱不缓强"的原则，采用夏剪等各种控旺的方法，缓和生长势；三是要控制好冠幅，在行内主枝之间，要保证有1米以上的空间。

2.主干疏层形　该树形产量较高，结果年限长，适宜山坡地、土壤较瘠薄地区。但对技术条件要求较高，修剪量较大，结果部位易外移，前期产量较低。

（1）树体的结构　该树形具有中心领导干，干高50厘米左右，树高为2.5米左右。全树有6～8个主枝，可分2～3层，第一层3个主枝，开张角度80°左右，每个主枝上各有3～4个侧枝；第二层有2～3个主枝，开张角度60°左右，每个主枝上有2～3个侧枝，第二层主枝与第一层主枝间距80～100厘米；第三层有2个主枝，开张角度为45°，每个主枝上着生1～2个侧枝，第三层主枝与第二层主枝间距60～80厘米。

（2）整形修剪的方法 苗木定干高度60～70厘米，从剪口下第2芽开始，在20厘米以内的芽隔一刻一；第二年春季，在剪口下选留一个强旺的中心干延长枝，在60厘米处短截；并从主干分枝中，选留出方向、位置、角度适合的3～4个主枝，每个主枝留50厘米短截，其余枝条疏除。第三年春季，按第二年的方法处理中心干和主枝延长枝，并选留好第二层主枝和第一层主枝的侧枝，要坚决疏除竞争枝和直立枝，调整好各枝之间

图8-2　主干疏层形

的平衡。第四、五年春季，采用以上的方法，选留出第二至三层主枝和侧枝。在搞好整形的同时，要搞好夏季修剪，促进早成花早结果。该树形修剪量大，枝的级次多，成形相对较慢，冠内通风透光条件差，结果部位容易外移，在整形修剪时要特别注意。

3. 自然开心形 该树形由桃树转化而来，整形容易，修剪量较轻，树冠开张，冠内光照良好；结果早，产量高，品质好，管理方便。但该树形树冠容易郁闭，骨干枝易光秃和偏冠，主枝基部连接处易劈裂，抗风能力较差，产量相对较低。

（1）树体的结构 该树形没有中心领导干，干高30～40厘米，全树有主枝3～4个，开张角度30°～45°，每个主枝上着生6～7个侧枝，开张角度50°～60°；要求每个主枝长势均衡，温室前窗和冷棚的两侧，应用此树形较好。

图8-3　自然开心形

（2）整形修剪的方法 苗木可在50～70厘米处定干，剪口下要有4～5个饱满芽，一般苗木质量好的，当年抽生强旺枝，就可选出足够的主枝；若苗木质量差，抽生新梢不足时，对生长旺、方位好的新梢，在其生长到5～6片

叶时摘心，促发2～3个强旺副梢，可选留作主枝。在新梢生长到50厘左右时，剪除10～20厘米新梢，促发分枝，培养第一侧枝。在8月未，将主枝拉至30°～45°角固定，对未停长的新梢，用多效唑蘸尖控长，以防冬末春初的抽条。

第二年春季，各主枝延长头在40～60厘米处短截，促发新梢继续扩大树冠。对主枝上的分枝角度、方位好的，要选留第2～3个侧枝，其余分枝要搞好夏季修剪，对竞争、直立枝及早疏除，待到秋季对主、侧枝角度进行调整和固定。第三、四年，按照第二年的方法选留侧枝，培养枝组，促进成花结果。当行间间隔剩1米左右时，主枝延长头不再短截，整形也基本结束。

4. 细长纺锤形　这种树形适宜矮化密植，特别适合吉塞拉砧木，枝量大，丰产快，结果质量好，主枝占主干粗度的1/5以下，树高在3米左右，好管理，缺点是前期刻芽、拉枝用工多。

定干和纺锤形一样，第二年清干，主干不短截，主干上依靠刻芽促发新枝，要求主枝刻芽隔三差五刻，各个主枝螺旋上升，多发主枝，上部发出的强旺枝疏除，夏季用牙签开角或者捋枝，秋后拉枝，开张角度。第一年定干目的是，樱桃新栽植树由于根系小，形成的细胞分裂素和树体储存营养少，刻芽不容易出枝。这种树形适宜密植和机械化作业，早果丰产，果实品质好。缺点是前期管理麻烦，容易上部长势强，需要多疏除上部枝条，大量结果后及时回缩，恢复树势。

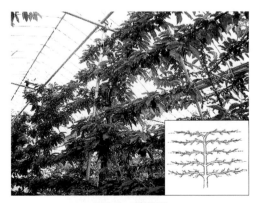

图8-4　篱壁形

5. 篱壁形　该树形将枝条绑在铁丝架上，形成篱壁形，在发达国家果树上广泛采用。株行距（3.5～4）米×（2～2.5）米，树高3～3.5米。

（1）搭支架　用钢管或者水泥柱每30米一根立柱，离地面80厘米左右横拉第一道钢丝，以后上部每40厘米一道，用于绑缚樱桃主枝，直到树体要求的高度。

（2）定干　定干高度70～80厘米，发枝后留顺篱架两侧的枝，其他疏除，待主枝长到20～30厘米时，用牙签开角。主干长到50厘米以上时，6月，主干留40～50厘米短截，促发二次枝并随时开角。秋后秋梢停长时，把主枝绑在横着的钢丝上，第二年依此类推。

这种树形通风透光，后期管理方便，适合机械化作业。缺点是要求技术高，前期管理麻烦，产量低。

此外，樱桃树形还有Y形、丛状形和UFO形等树形（图8-5和图8-6）。

图8-5　Y　形

图8-6　UFO形

（三）整形修剪的方法

樱桃树整形修剪的方法很多，如果不解每种方法之意，就会眼花缭乱，无所适从。但仔细认真的总结，所有的整形修剪方法不外二种：一是生长期修剪，二是休眠期修剪；所有修剪方法的作用也不外两种：一是促发长枝的，加强生长势，扩大树冠的；二是促发中、短枝的，缓和生长势，能够提早结果的。

1.生长期的修剪　是指从萌芽至落叶前这段时间的修剪，也叫夏季修剪。樱桃树要想早成形，必须以夏季修剪为主，冬季修剪为辅。

（1）刻芽　在芽眼露绿时，用大牙的钢锯条对幼、旺树一、二年生强旺枝，在枝条两侧每隔15厘米左右刻一个芽，枝条基部留15厘米不刻，枝条顶部留30厘米不刻（图8-7）。刻芽，它截留根系向上输送的水分和无机养分，控制枝条旺长，增加中短枝，促进花芽的形成。对幼、旺树当年生枝条的刻芽，多数来枝，少数来花；对二年生枝条大叶芽刻芽，多数来花，少数来枝。一般刻芽越早，发枝越强；刻伤距芽体越近，萌芽率越高；刻伤越重，发枝越强；则然反之。一般枝条的上、下芽不刻，如需刻上芽，可在芽眼后1厘米处刻芽，可促发较弱的短枝。

图8-7　刻　芽

　　根据外地经验介绍，采用缝衣针刺入芽眼正中，可以解除休眠，促使芽眼萌发；或春季采用含3%赤霉素的羊毛脂膏（梨膨大剂），微量涂抹芽眼，可替代刻芽。

图8-8　环　割

　　(2) **环割**　在二、三年生枝条上，用刀环割到木质部（图8-8），对枝条有抑上促下的作用，它能缓和环割以上枝条的生长势力，促进花芽的形成。环割能显著提高果实的含糖量，并能刺激环割以下芽眼萌发出新枝，解决主枝的光秃问题。如果一次环割达不到目的，可进行多次环割，但环割易流胶，要慎用此种方法。

　　(3) **抹芽**　就是在生长季节抹掉无用萌蘖、幼梢，它能节约树体的养分，促进有效生长，控制无效生长。在生产中，对竞争、直立和砧木萌芽，应在萌芽后及时抹去，否则会影响树体的生长。

　　(4) **新梢的摘心**　是指在新梢木质化前，摘除新梢先端部分的修剪方法。它能控制枝条旺长，增加分枝量，促进枝条转化，有利于幼、旺树提早结果；它能增加枝叶量，减少无效生长，有利于树冠的扩大；它能节约养分，提高花芽质量，提高坐果率和果实品质的作用。新梢摘心程度不同，其效果也不相同。

　　①轻度摘心。在新梢的前端摘去5厘米长，它能抑制新梢生长，促进新梢中、下部增粗，芽眼饱满，还能发出1～2个副梢。在大连地区，6月中旬以前对新梢留5～6片大叶摘心，并对萌发的副梢留1～2片叶连续轻度摘心，可促使新梢基部形成腋花芽；6月中旬后摘心，只能促发分枝。

　　②中度摘心。在新梢的前端剪去1/2～1/3，保证新梢长度不短于15厘米。它能抽生2～4个二次枝，促进了摘心部位的营养生长，增加了分枝量。

　　③重度摘心。在新梢的前端剪去1/2以上，基部仅留10厘米左右。它能促发2～4个副梢，其生长势和生长量远低于中度摘心，可用于培养小型结果枝组。

　　(5) **拉枝开角**（图8-9）。

　　①作用。由于甜樱桃树顶端优势强，分枝角度小，枝条直立生长，内膛光照条件差，造成树体结果晚，产量低。拉枝开角，它抑制了顶端优势，使

图8-9　拉枝开角

无机营养向上输送减慢，光合产物向下运输减少，枝条生长势变缓，增加树上营养物质的积累，有利于花芽的形成；有利于中、下部枝条的萌发和成枝，促进了花芽的形成，防止了基部和内膛的光秃；有利于扩大树冠，改善通风透光条件，充分利用空间、光、热资源，提高了单位面积的产量。

②时间。在生长季节均可进行，但最佳时间是春季萌芽前，因此时树液流动，枝条软硬度合适，光线度好，拉枝方便操作，不能掉芽折枝，有利于缓和生长势，促使中、短枝和花芽的形成；夏季拉枝，由于春季枝条旺长，中、短枝形成的少，花芽也不易形成；秋季拉枝，枝条趋于成熟，木质硬脆，不但不方便作业，而且很容易断枝。

③方法。要根据不同品种、树龄和立地条件，采用不同的方法进行拉枝开角。对于平地、幼龄树和分枝角度小的品种，拉枝的角度可大一些，反之可以小一些；拉枝枝龄易小不易大，最好枝龄在3年以下，因枝龄小时枝条短、细，不但拉枝省工省劲，而且拉枝的效果也好，则然反之。

要根据主枝的不同方向，在地下相应处挖40厘米深的窄沟，用细尼龙绳一头拴在40厘米长的木棍上，埋入沟内踩实，另一头打一活扣拴住枝条的1/3～1/2着力点上，按不同要求把角度拉到位；一般主枝角度拉到80°～85°较适宜，这样一次拉枝可用5～6年。对幼龄小树当年新枝，可在枝条木质化时，用牙签和开角器进行拉枝开角。拉枝时要先摇晃枝条基部，待软化后再拉枝固定，并要调节好各枝的方位，使各主枝均匀地分布。

（6）拿枝　在夏季枝条开始木质化时，对一、二年生角度小的骨干枝，用手握住枝条基部分段向下弯曲的方法。它不但能开张主枝的角度，而且还能破坏枝条内的输导组织，减缓水分和养分向上输送的速度，控制枝条的旺长，提高枝条内乙烯含量，增加营养物质的积累，达到形成花芽的目的。在拿枝时，要做到"伤筋不断骨""伤骨不伤皮"。对生长过旺枝条可连续拿枝，把枝条拿成水平不再复原状态。

（7）疏枝和回缩　在7月末可进行疏枝和回缩，要对竞争、直立、病虫、过密的无用枝进行疏除（图8-10），控制枝条旺长，节约营养物质，改善冠内通风透光条件，促进花芽的形成，调整好树体结构，加快树冠的形成。对多年生下垂枝、衰弱枝和中下部光秃枝，剪除2～3年，不但改善了光照，而且节省养分和水分，集中供给余下的枝条。

图8-10　疏除过密枝

2. 休眠期的修剪　所谓休眠期修剪，就是指秋季落叶后，到翌年春季萌芽前期间的修剪。樱桃树落叶后，营养物质由小枝向大枝、大枝向根系、树上向树下回流贮存，待翌年春季萌芽时才向上部调运，这一时期生命活动十分缓慢，消耗极少。所以，该期修剪养分损失最少，而且剪掉枝条所保留的养分，向有用的枝条集中供给，促进了树体的生长发育，调节了生长和结果的矛盾，改善了通风透光的条件。在修剪的时间上，要改冬剪为春剪，宜晚不宜早，早剪枝条易抽干，最佳时间为萌芽前的修剪。

（1）短截　所谓短截，就是剪去一年生枝条的一部分。根据短截程度，可分为轻短截、中短截、重短截和极重短截4种类型（表8-1）。

表8-1　短截的4种类型

类型	定义	作用	示意图
轻短截	剪去枝条全长的1/3或1/4	有利于缓和树势，削弱顶端优势，提高萌芽率，降低成枝力的作用；有利于提早结果，在幼树、旺树和初结果期树要多用	1/3或1/4
中短截	剪去枝条全长的1/2	幼树、旺树平均成枝量为4～5个，有利于维持顶端优势，有利于扩大树冠和加速整形；对盛果期大树的果枝中短截，有利于结果枝组的复壮，促使花芽饱满，提高产量；对老树新梢的中短截，可增加强枝数量，扩大营养面积，加快更新复壮的速度	1/2
重短截	剪去枝条全长的2/3	由于短截的部位芽眼秕，有利于促发中、短枝，对强、旺枝采用此法后，可培养成为结果枝组，该法在促进花芽形成、平衡树势上，有很好作用	2/3
极重短截	剪去枝条全长的3/4～4/5	由于在枝条基部瘪芽处短截，只发2～3个中、短枝，有利于削弱树势，降低枝位，培养更紧凑的中、小型结果枝组	3/4或4/5

图8-11 休眠期疏除过密枝条

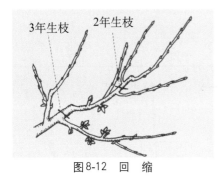

图8-12 回 缩

（2）**疏枝** 指从基部剪除一年生以上的枝条。该方法用于疏除过密、轮生、强旺、徒长、病虫害等枝条（图8-11）。疏枝能改善通风透光条件，减少营养物质的消耗，使旺树、旺枝转化为中庸的树和枝，促进花芽的形成；但疏枝仍对全树有削弱的作用，疏除的枝越大、越多，削弱树势的作用越明显。

（3）**回缩** 指将多年生枝剪除、或锯掉一部分。主要用于骨干枝的更新、结果枝组的复壮上（图8-12）。回缩可改善光照条件，节省养分，缩短根叶距离，对潜伏芽的萌发、果枝组的更新复壮、花芽的形成、解决树冠内部的光秃，都有很好的作用。在对大枝回缩时，要注意以下3个问题：一是保护好伤口，做到保湿保水、防治病虫害；二是操作不宜过急，对大枝应分年、分段地逐步进行；三是根据计划回缩的部位，提前培养好预备枝。

（4）**缓放** 指对一年生枝条不短截，任其自然生长的修剪方法。缓放，由于留的枝、芽较多，营养的供应分散，枝条生长势缓慢，有利于枝条内营养物质的积累；有利于弱枝转强和细枝增粗；有利于中、短枝和花束状果枝的形成，能提早结果。

缓放要因树、因枝而异，对幼、旺树要缓平不缓直；对竞争、直立、徒长枝不宜缓放，如需缓放时，必须拉平后再缓放，否则易形成"背上树"，导致下部小枝的死亡，结果部位的外移；对盛果期的树，要缓壮不缓弱，缓外不缓内。在枝条缓放时，顶端的大叶芽要剪去；在扩冠期间骨干延长枝的缓放，只是一种临时性的方法，不能当作长期的措施，当缓放的枝条结果后，应有计划的回缩更新。

（四）不同树龄树的整形修剪

1.幼龄期 幼龄期就是指从定植到开花结果，一般为1～4年。整形修

剪目的，一是培养树体骨架；二是促进成花结果。修剪的原则是轻剪、少疏、多留枝，扩大树冠，增加营养面积。

（1）**定植后第一年的修剪** 苗木定植第一年，要经历一个"缓苗期"，长势一般不是很旺盛。在这一年里，要根据整形的要求，进行定干，并选留好第一层主枝。定干高度，要根据品种特性、苗木生长情况，立地条件及整形要求等确定。一般成枝力强、树冠开张的品种以及平地、沙地条件下，定干宜高些；成枝力弱、树冠较直立的品种以及山丘地条件下，定干高度可稍低。定干后的苗木，发芽前，要在苗干上套防虫塑料网袋，以防象鼻虫爬到苗干上食害初萌发的嫩芽。

定干后，一般可抽生3～5个长枝。冬季修剪时，要根据发枝情况选留主枝。培养自然开心形时，要先选留好2～4个长势健壮、方位角度适宜的枝条，作为主枝。选作主枝的枝条，剪留长度一般为40～50厘米，强枝宜稍短，弱枝可稍长。

培养主干疏层形、自由纺锤形时，要先选留定干剪口下的直立壮枝，作中央领导干，剪留长度40～50厘米，再从其余枝条中，选留2～3个生长健壮、方位角度适宜的，作为主枝，进行短截。

（2）**定植后第二年的修剪** 经过一年"缓苗"之后，定植后第二年的樱桃幼树一般可以恢复生长，并开始旺盛生长，在这一年里，要采取生长期修剪的措施，控制新梢旺长，增加分枝级次，促进树冠扩大。通过休眠期修剪，继续选留、培养好第一层主枝，开始选留第二层主枝和第一层主枝上的侧枝。

生长期修剪的具体方法是：6月中旬前后，当新梢生长长度达到20厘米时，掐去嫩梢前端，使新梢加长生长暂趋停顿，促进侧芽萌发抽枝。如果新梢加长生长仍很旺盛时，可每隔20～25厘米，连续摘心几次。

休眠期修剪的具体方法，要根据幼树的生长情况灵活运用。如果第一年已选足了第一层主枝，并且经过第二年生长期摘心，分枝较多时，培养自然开心形的，即可在离主枝基部60厘米的部位，选择1～2个方位角度适宜的枝条，培养为一、二侧枝；培养自由纺锤形的，要在维持中干延长枝剪留长度50厘米左右的同时，切实控制好竞争枝和主枝背上的旺长枝。

不管是哪种树形，主枝的修剪长度一般为40～50厘米，侧枝的修剪长度约40厘米，分枝较多的，可在侧枝上选留副侧枝，剪留长度约30厘米。树冠中的其余枝条，斜生、中庸的可进行缓放或轻短截，长势过旺并与骨干枝相竞争的，可视情况疏除或进行重短截。

（3）定植后第三年至第五年的修剪　要根据整形的要求，继续选留、培养好各级骨干枝，利用拉枝、撑枝等方法，调整骨干枝的开张角度，维持好树体的主从关系，继续搞好新梢摘心，并开始培养结果枝组。

2. 初果期　初果期是指从开花结果至大量结果之前这段时间。整形修剪的目的，一是继续完成树冠的整形；二是培养好结果枝组。

（1）继续整形　在树冠覆盖率未达到75%时，要继续对中心干、主枝延长枝进行中短截，继续扩大树冠。在树高达到标准时，可在顶部主枝处落头开心，打开光路。对主枝延长枝的侧芽，要刻芽促萌，增加分枝，并对侧生分枝摘心，促进花芽的形成。对角度小的主枝，要进行拉枝开角，采用抑强扶弱的方法，理顺好从属关系，使中心干枝的生长强于主枝，主枝要强于侧枝，下部主枝要强于上部主枝，同层主枝之间生长均衡。只有保证这种从属关系，才能保持主枝的发展方向，使树冠圆满紧凑，尽快完成整形的任务。

（2）结果枝组的培养　结果枝组是结果的基本单位，是优质高产、稳产的基础，要想结果枝组高效率的生产，就必须从早进行培养，使结果枝组在树冠内，分布得合理、有序和健壮。结果枝组，要坚持体积有大有小，分枝组型各异的原则；要坚持分布均衡有序，大小合适的原则；要坚持配置外稀内密，上小下大的原则。在对结果枝组的位置、大小、结构上的建造，应从树冠整形的初期开始。

要采用两种方法培养结果枝组，一是先缓后缩法，就是对中庸、平斜和下垂枝，先把此类枝条缓放不截，待其缓出花芽后，并连续结果4～5年近衰弱时，从枝前端向基部逐年回缩，按空间大小确定该枝组的大小；二是先截后缓法，就是对直立、强旺枝，冬剪时极重短截，夏剪时去强留弱，去直留平，对其短枝缓放，中、长枝连续摘心，促其形成花芽，按空间大小确定该枝组的大小。

从结果枝组培养到结果，实际上是一个发展、维持和更新的过程，要想维持结果枝组较长的经济寿命，只有通过修剪来维持中庸的生长势。所以，在结果枝组修剪时，对生长过弱的小型枝组，影响结果时应当缩剪，增强枝势；对大、中型结果枝组，生长过弱可以回缩，特别是盛果后期，要去弱留强，促旺复壮，在花芽量过多时，可疏除过小花枝，促其抽生新枝；对生长中庸的枝组，要始终保持枝条中庸健壮，花芽充实饱满，分枝紧凑，基部不光秃，各类枝条能交替结果；对枝组附近有空间的，可延伸发展，没有空间的，夏季可轻度摘心，对前端过多分枝要去强留弱，严加控制；对生长偏旺的枝组，要疏除竞争、直立枝，去强留弱；对于平、斜生长的中短枝，要多缓多摘心；对角度小的枝组，要加大角度，缓和其生长势。

通过修剪，要使结果枝组上下和内外通风透光；要使结果枝组生长中庸健壮，从属分明；要消灭大小年结果的现象，培养好由结果枝、成花枝、发育枝共同组成的枝组，这样才能保证结果枝组的连年结果。

3.盛果期

（1）**修剪原则**　樱桃盛果期树修剪，主要是保持树势健壮，促使结果枝和结果枝组保持较强的结果能力，延长其经济寿命。在盛果期，要保证外围新梢生长为30厘米长，枝条粗壮，芽体充实饱满；多数花束状果枝和短果枝，优质花枝是指含有5片大叶以上，加上基部2片小叶，而且叶片厚，叶面积大，树体长势均匀强壮。

（2）**修剪方法**　盛果期树虽已大量结果，但是枝多叶密，生长潜势仍然较强。该时期树体骨架已形成，修剪以维持树势平衡为主，局部调节为辅。对于生长过快、加粗明显的大枝组，要采取疏枝、加大枝角、多留果等方法，控制其生长势，使全树各部位长势均衡；对于竞争、直立、挡光的枝要及时疏除；对中心干要落头开心，压缩中、上部大枝的分枝，解决好通风透光的问题。

进入盛果期的树，在树体高度、树冠大小基本达到整形的要求后，对骨干延长枝不要继续短截促枝，防止树冠过大，影响通风透光。盛果期还应注意及时疏除徒长枝和竞争枝，以免扰乱树形。

4.衰老期　樱桃树在20～30年生以后，就逐渐进入衰老期，这时期的主要任务，就是有计划地、分年度地进行更新复壮。

（1）**修剪原则**　该时期树生长势明显下降，产量显著减少，果实品质大大降低，大量结果的枝组衰弱，有的开始干枯死亡；此时要以更新复壮为主，坚持结果服从更新的原则，利用潜伏芽寿命长、容易萌发的特点，有计划逐渐回缩大枝，培养新的结果枝组，重新尽快恢复树冠。

（2）**修剪方法**　樱桃树在开始衰老之前，就要有目的进行更新。该时期对中心干延长枝、主枝延长枝和各类枝组，要留"根枝"进行重回缩，这样有利于主枝、枝组内部的复壮，促进萌发旺枝和加速生长，尽快恢复树冠。

对计划回缩的多年生枝，事先在回缩部位，采用环刻等方法促发新枝，并选出合适位置的新枝，培养成各级的延长枝，其余枝条可经过缓放，培养成结果枝组；对老弱、下垂枝，要留上枝上芽和壮枝壮芽，有计划地进行回缩；回缩最好在分枝处回缩，这样损伤较小，容易恢复，并要搞好疏花疏果，控制树体的负载量，要结合施肥有目的轮换断根，促发新根，加速衰老树的复壮。

（五）移栽大树的修剪

移栽大树很难保持完整的根系，特别是大根折断，损伤很大，根系很难承担对树上的供应任务。所以，树上必须加大修剪量，凡是树冠大的修剪量要大，树冠小的修剪量要小；凡是伤根重的修剪量要重，伤根轻的修剪量要轻，只有坚持这样的修剪原则，才能缓树快、生长也快。

对移栽的大树，中心干、主枝延长枝要中短截，侧生枝、结果枝组要适当进行回缩，竞争、直立、强旺枝要疏除，减少树上的枝量，促进伤根的恢复和树冠的恢复。

九、化控技术的使用

（一）化控的原则

化控技术，就是应用多效唑或PBO等药剂，控制幼、旺树的营养生长，促进花芽的形成。在使用的时间、浓度和次数上，应根据树龄、品种、砧木和树势来确定。对幼旺树、生长势强的品种、乔化砧木和密植的果园，可在定植4后年应用；对盛果期后、生长势弱的品种、矮化砧木、稀植的果园，应少用化控技术。

（二）化控的方法

樱桃的幼、旺树要前促后控，即一至四年生要促进树体的快速生长，在四年生后要控制树体的生长。在发芽前对旺盛生长的树，用PBO80倍液喷施枝干，就可达到控长的目的。如果控长效果不好，当新梢生长到15厘米时，并具有5～6片大叶时，可用PBO120倍液再喷施一次，一周后新梢就停止生长，新梢的成花率可达60%以上，新梢生长量仍可达30厘米左右。如果在7月末再喷施一次，不但可以控制当年的秋梢生长，而且翌年新梢生长只有30厘米，枝条成花率可达80%左右，并且新梢冬季不抽条。

在设施内对新梢留3～4片大叶摘心后，用PBO80倍液喷施1～2次新梢的前端，就可以控制副梢的萌发，促进花芽的大量形成。

还可以在开花前，用多效唑7～10倍液涂抹主干，省工省钱，效果明显。具体做法是：从开花前至8月末，在主干距地面10～30厘米处，对

五、六年生树用毛宽3厘米的刷子涂药一周；对七、八年生树用毛宽5厘米
的刷子涂药一周，就可达到控旺促花的目的。春天涂药处理促花好，秋后
涂药处理防抽条。在8月末用多效唑30倍液蘸尖，可控制小树的新梢旺长，
防止冬末春初的抽条。

温馨提示：

　　用PBO药剂化控好于多效唑，因为喷施PBO3个月后，就可自然解除其
对生长的控制，而多效唑控制的时间长，在使用浓度、时间和次数上应当
慎重。多效唑不宜土施，因为在树体内停留时间长，土壤中又不容易降解，
很容易造成死树。

十、采收及采后处理

采收和采后处理，包括采收、预冷、分级包装、贮藏、运输、配送和销售，是樱桃生产的关键环节，必须充分重视。

（一）科学采收

由于樱桃果实不耐机械损伤，因此主要靠人工采摘。采摘时手拿果柄，用

图10-1　人工采摘

食指顶果柄基部，轻轻掀起即可连果柄采下。采摘时不能直接往下拉，以免损伤结果枝进而影响来年的产量。樱桃的耐贮性因品种不同而异，一般早熟和中熟品种不耐贮藏，晚熟品种耐贮性较强；抗病性强和耐低温的品种耐贮性强，抗病性弱和不耐低温的品种不耐贮藏。

1. 采收时间　一般樱桃果实选择在八、九成熟时采摘。采摘时带果柄采下，搬运时注意轻拿轻放，尽量避免碰伤果实。采下的果实集中放在树阴下，避免日晒。黄色品种，一般要求底色褪绿变黄、阳面开始有红晕。红色品种或紫色品种，当果面已全面着红色，即表明进入成熟期。

樱桃果实成熟期不一致，采收时应分期分批进行。研究表明，果温较低时采收的果实，果肉硬度较高，而且在之后的贮运中，果实也会保持比较高的果肉硬度。所以，采收要选择在一天当中气温较低的时间进行，一般安排在凌晨至上午10时之前气温较低的时段。雨天采收会增加果实腐烂的可能性，所以采收时一般要选择晴天或阴天进行，避开雨天。

采收后放置的最佳方法，是随采随即进行预冷入库，这样有利于提高樱桃的贮藏质量。

樱桃的风味品质与果实的可溶性固形物呈极显著相关，因此采收时要达到一定的可溶性固形物，才能具备樱桃应有的口感品质。美国加利福尼亚州的樱桃标准规定：最低成熟度的樱桃，依据品种不同，可溶性固形物至少要达到14%或16%。

法国豆类与果树研究中心（CTIFL）研制了樱桃成熟色卡，色卡颜色从浅红到黑红共分7级（图10-2）。各国也都仿制或制作了类似的色卡，在生产上普遍应用。用户可根据品种、气候、市场要求等，综合考量确定采收成熟度和采收期。根据各地的使用情况，推荐采收成熟度色卡值见表10-1，根据自己果园樱桃的实际情况和市场需求等，调整采收成熟度标准，确定采收时间。

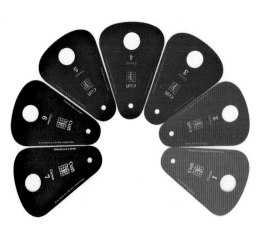

图10-2　樱桃色卡

表10-1　不同品种的适宜采收色卡值

品种	适宜采收色卡值
红灯	4～5
美早	5～6
萨米脱	4～5
斯得拉	4～5
拉宾斯	4～5
先锋	4～5
甜心	4～5
红灯	4～5
宾库	5
布鲁克斯	3～4
艳阳	3～4
西蒙（Simone）	4～5

2. 分级　樱桃分级方法有人工分级（手工分级）、机械分级两种（图10-3和图10-4），生产上以人工分级为主。人工分级能减轻机械伤害，按照樱桃果实大小、外观、颜色和瑕疵，把樱桃分成相应的不同规格等级（表10-2），但主观意识上的误差和喜好往往导致产品级别标准出现偏差。机械

分级可显著提高工作效率，消除人为因素，但投资大，易出现机械伤害，此外，机械分级不能剔除外观、颜色和有瑕疵的果实，分规格大小的准确度一般也只有60%～80%，所以机械设备分规格后，要再使用人工挑拣，剔除形状、色泽、瑕疵、大小等不符合规定的果实。

图10-3　人工分级

图10-4　机械分级

表10-2　果实的分级

等级	单果重（克）	果实横径（毫米）	着色面	要求	备注
特级果	≥12	≥25	着色全面	果形端正，果面鲜艳光洁，无裂口、病虫害、磨伤、碰压伤、果锈、污斑、日烧等，带有完整新鲜的果柄	各品种要具有该品种的典型色泽和品种特征
一级果	8.0～11.9	≥22	着色全面	果形较端正，果面鲜艳光洁，无裂口、病虫害、磨伤、碰压伤、果锈、污斑、日烧等，带有完整新鲜的果柄	
二级果	4.0～5.9	≥10	着色较全面	有少量畸形果，果面鲜艳光洁，无裂口、病虫害、磨伤、碰压伤、果锈、污斑、日烧等，带有完整新鲜的果柄	
等外果	畸形果，有裂口、病虫害、磨伤、碰压伤、果锈、污斑、日烧等的果实				

（二）药剂处理与包装

1. 药剂处理　准备用来贮藏的樱桃，可在樱桃现蕾期、幼果期、采果前分别喷施1.5%～2%浓度的硝酸钙或氯化钙溶液，或在采后用2%氯化钙溶液浸泡几分钟，再配合防腐、涂膜保鲜剂进行涂膜处理。涂膜后，具有抑制果实呼吸，保持养分，抑制灰霉病、炭疽病、黑斑病等多种采后病害发生的功效。

2. 包装　及时剔除病虫果、次果、裂果和过熟果，装入内衬大樱桃保鲜袋的纸盒。为避免压伤果实，每盒装果2～5千克，同时每千克1包加放CT2号保鲜剂。保鲜剂袋用大头针扎两个透眼。用于长途贩运的包装盒（箱）应有足够的强度，适于码垛装车运输。盒底、盒顶可以垫一些缓冲物（网套、柔软的包装纸等），果实尽量装紧实，以减少相互碰撞和摩擦（图10-5）。

图10-5　包　装

（三）贮藏和运输

樱桃可贮藏在 $-1 \sim 1℃$ 的冷库中 $15 \sim 30$ 天，基本保持新鲜。要进行长途运输的樱桃果实，采收的成熟度不宜过高，一般以八九成熟为宜。包装箱或包装盒内的樱桃要比较紧密，振动时互相之间不会擦伤。果箱高度不要超过20厘米，盛装不超过20千克。长途运输最好用空运，可以采用水预冷（图10-6）。

图10-6　水预冷

1. **低温贮藏**　入库前应对库房进行彻底清洗和消毒。消毒后，降低库温至 $0 \sim 1℃$。樱桃装盒后立即入冷库（图10-7），敞开袋口，在 $0 \sim 1℃$ 预冷10小时左右。果温降至 $0℃$ 时，加入樱桃保鲜剂（每千克1包，注意药包不能直接与果实接触），然后扎紧保鲜袋口贮藏。贮藏期控制温度在 $-0.5 \sim 0.5℃$，尽量减少温度波动。如樱桃未用保鲜袋包装，冷库相对湿度必须保持在 $90\% \sim 95\%$，以减少果实的风干失水。

2. **气调贮藏**　樱桃可耐较高浓度的二氧化碳。气调贮藏的指标为：温度 $0℃$，二氧化碳 $20\% \sim 25\%$，氧气 $3\% \sim 5\%$，相对湿度 $90\% \sim 95\%$。目前大多采用MA气调贮藏方法，即在相对密闭的环境中（如塑料薄膜密闭），依靠

图10-7　冷　库

贮藏产品自身的呼吸作用和塑料膜具有一定程度的透气性，自发调节贮藏环境中的氧气和二氧化碳浓度的一种气调贮藏方法。

3. 减压贮藏　减压贮藏可使果实色泽保持鲜艳，果梗保持青绿，与常压贮藏相比，果实腐烂率低，贮藏期长，果实的硬度和风味以及营养损失均很小。试验表明，温度0℃、压力控制在52千帕，每4小时换气一次，可以贮藏50～70天。

十一、设施栽培

设施栽培的发展，提早了樱桃鲜果的上市时间，延长了产品市场的供应期，显著提高了生产效益，打破了地域界限，促进了樱桃的发展。樱桃设施栽培主要包括促成栽培、避雨栽培和越冬保护栽培（图11-1）。目前，樱桃主要以简易日光温室和塑料大棚进行促成栽培为主，因此，本书的设施栽培主要是指促成栽培。

图11-1　设施栽培
1.避雨栽培　2.塑料大棚促成栽培　3.日光温室促成栽培

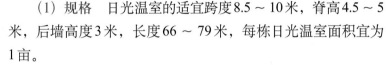

（一）日光温室设计与建造

1.规格与结构

（1）**规格**　日光温室的适宜跨度8.5～10米，脊高4.5～5米，后墙高度3米，长度66～79米，每栋日光温室面积宜为1亩。

（2）**结构**　日光温室的墙体，用红砖砌墙比石头好，因红砖吸热和吸潮好于石头，不但晚间室内温度高，而且可减轻果实成熟前的裂果和烂果。墙体可以砌成24墙的或砌成37墙的；如果24墙的要砌实体墙，如果37墙的可砌2米空墙，再砌2米实墙，空墙中空宽12厘米，墙体的外侧用10厘米厚的苯板作外保温，这样的墙体白天吸热多，晚间放热也多，不但保温好，而且室内温度高，果实成熟时间大大提前。棚上用6分镀锌管作上弦，Φ12钢筋作下弦，Φ10钢筋作拉花，架上钢管与下弦距为27厘米，架下端钢管与下弦距为15厘米。后坡用异质复合结构，提高保温的性能。

2.采光设计　采光设计就是最大限度地把太阳光引进日光温室内，科学的提高日光温室透光率。

（1）**方位角的确定**　日光温室要坐北朝南，东西走向。前屋面的方位角，在北纬39°以南地区以偏东5°为宜；在北纬40°以北地区以正南或南偏西5°为宜。日光温室的方位角，每向东、向西偏1°左右，太阳光直射时间出现的早晚相差约4分钟。不伦南偏东还是南偏西，均不宜超过10°。

测量方位角要用罗盘，指南针所指的正南不是真子午线，真子午线与磁子午线之间存在磁偏角，需要进行矫正。如在大连地区建设日光温室，用罗盘测的正南实际是偏西6°35′，应往东调6°35′才是正南（表11-1）。正南方位角也可用标杆垂直立于温室地面上，接近中午时观察木杆的投影，最短的投影就是正南方位角。然后与此线垂直画线，就可作为日光温室的走向。

以标准砖为例，墙体厚度可砌成半砖（12墙）、3/4砖（18墙）、一砖（24墙）、一砖半（36墙）。——编者注

表11-1　不同地区的磁偏角

地名	磁偏角	地名	磁偏角
北京	5°50′（西）	合肥	3°52′（西）
沈阳	7°44′（西）	兰州	1°44′（西）
天津	5°30′（西）	银川	2°35′（西）
大连	6°35′（西）	长春	8°53′（西）
济南	5°01′（西）	许昌	3°40′（西）
太原	4°11′（西）	徐州	4°27′（西）
西安	2°29′（西）	哈尔滨	9°39′（西）
包头	4°03′（西）	西宁	1°22′（西）
南京	4°00′（西）	乌鲁木齐	2°44′（西）
郑州	3°50′（西）	武汉	2°54′（西）
呼和浩特	4°36′（西）	拉萨	0°21′（西）

（2）前屋面采光角的确定　前屋面采光角，就是指温室前屋面与地平面的夹角。在设计时从最高透光点向前底脚引一条直线，使前屋面呈三角形，前屋面与太阳光构成的角度越大，即入射角就越小，透入室内太阳光越多，前屋面与太阳光呈直角时，即入射角为0°时称为理想屋面角（图11-2）。

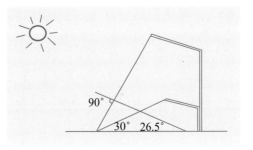

图11-2　理想屋面角示意

采光角的设计，是以当地冬至日太阳高度角为依据，如果按理想屋面角设计，即浪费建材，又不利于保温，没有实用的价值。以北纬40°地区为例，冬至日的太阳高度角为26.5°，理想屋面角应为：90°－26.5°＝63.5°。

日光温室前屋面为拱圆形，由前底角开始，每米设一个切角，前底脚的夹角为55°～60°，1米处的夹角为35°～40°，2米处的夹角为30°～35°，3米处的夹角为25°～30°，4米处的夹角为20°～25°，5米处的夹角为15°～20°，6米以上的夹角不小于15°（图11-3）。

（3）后屋面仰角的确定　后屋面的仰角是由日光温室脊高、后墙高度和后屋面长度决定的。日光温室的脊高和水平投影确定后，后墙高矮影响后屋面

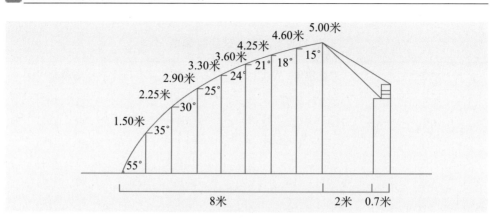

图11-3 日光温室采光屋面角

的仰角大小，后墙矮仰角增大，后墙高仰角就缩小。仰角过大，后屋面陡不便于拉帘机的管理，仰角过小，冬至前后太阳光照射不到后屋面的后墙，室内光照有死角，影响温度的升高。后屋面仰角的确定，应根据当地冬至日的太阳高度角，再增加5°～7°，不超过10°即可。如在北纬40°地区，太阳高度角为26.5°，再加上5°～7°，后屋面的仰角应为31.5°～33.5°。

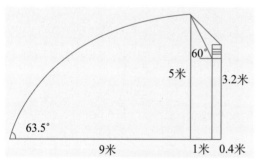

图11-4 果农创造的日光温室结构

大连瓦房店市得利寺镇果农，把日光温室的长后坡改为短后坡，把后屋面水平投影改为占跨度的1/10，仰角抬高到60°～70°（图11-4）。采用上推式的卷帘机，在山墙二侧外砌成石头台阶，便于棚上作业。这种创新使温室后墙处光照特别好，温度特别高，红灯品种果实在2月末上市，美早品种果实在3月初上市，比露地樱桃树成熟时间提前近3个月。

（4）前后排温室距离的确定　应以冬至前后，前排温室不对后排温室构成明显遮光为准，即上午9时至下午15时，保证6个小时以上的光照时间。前后排温室距离＝温室中柱高度（包括卷起草帘高度）×2＋1.3米即可。

（5）自动化控制的配置　有条件的可在设施上安装计算机监测与控制系统，对环境（温度、湿度、光照强度、二氧化碳浓度、土壤湿度、灌溉水的EC值及pH等）进行自动监测和显示，并能根据樱桃树生长发育时期的生理需要，进行自动调节器控制。

3. 保温设计

（1）要减少贯流放热　土木结构温室要对墙体和后屋面加大厚度，钢骨架温室要采用高标准的异质复合材料，才能减少贯流放热。日光温室前屋面最大，只盖一层薄膜，导热速度最快，是贯流放热的重点部位。所以，要覆盖高标准的草帘或棉被，并在棚内膜下张挂天幕膜增加保温。

（2）要减少缝隙放热　在筑墙时要叠压衔接好，并一气呵成，严禁一段一段地对接；用砖石砌筑的墙体，外墙皮要抹水泥沙浆，并贴上10厘米厚的苯板；要在无风天覆盖薄膜，防止前屋面有孔洞；要求作业间门朝南，如在靠温室后墙设温室门时，要用塑料薄膜作缓冲带，以减少热量的损失。

（3）要阻止地中横向传热　日光温室的前底角放热量最大，在底角外挖一条40厘米宽、50厘米深的防寒沟，用5厘米厚、50厘米高的苯板立于沟内，填上乱草，衬上旧塑料薄膜，然后培土踩实，可有效阻止地中横向传热。

4. 温度调控

（1）休眠期温度　休眠温度控制在2.4～7.2℃，各品种休眠时间不同，一般为600～1 200小时。一般从10月中旬开始降温，白天拉帘夜间放帘，一般在45天左右就可解除休眠，可以开始升温。在揭帘升温时要逐渐升温，拉帘高度要逐渐提高，每天温度要逐渐的升高。

升温的第一周，室内白天气温最高不超过15℃，夜间温度应控制在5℃，该期温度不能过高过低，从升温到开花必须保证一个月的时间。在发芽前，白天温度要控制在18～20℃，最高不超过25℃，夜间应控制5～7℃，地温要保持10℃，湿度保持80%，只有保持一定湿度，开花才能整齐。

在开花时期，白天气温要控制在16～18℃，最高不超过20℃，夜间温度要控制在7～9℃，不低于5℃，地温要控制在15～17℃，湿度保持40%～50%，湿度过大容易烂花和烂叶，花期耐寒力较差，温度不能忽高忽低，以免影响其坐果率；硬核期一般为10～15天，白天温度应控制在18～20℃，夜间应控制在9～10℃，地温要保持15～18℃，湿度应保持50%。

在白果期，白天温度要控制在20～22℃，夜间温度要控制在10～12℃，地温应保持16～20℃，湿度应保持在50%；果实着色和成熟期，白天温度要控制在22～24℃，夜间温度要控制在14℃，地温应保持在20～22℃，湿度应保持50%，此期温度控制不能过低，过低不但会延迟果实的成熟期，而且还会影响果实的品质。从升温到果实成熟需80天左右。

图11-5　自动卷帘机

（2）要正确掌握卷放帘的时间　揭帘后室内温度短时间下降1～2℃后，然后再上升，为适宜的揭帘时间。如果揭帘后，温度不下降而上升为揭帘过晚。在放帘后室内温度短时间回升1～2℃，再缓慢下降，为合适的放帘时间。如果放帘后温度下降，则是放帘时间过晚。一般冬季日出后1小时揭帘，日落前1小时放帘，比较合适。每天放帘时间，温度要高于夜间最低温度2～3℃时放帘。在春季要适当提前揭帘，延后放帘；在寒冷、阴天和大风天气时，要适当晚揭早放；天气暖和时要日出揭帘，日落放帘；在下雪后，要立即清除帘上的积雪。有条件的最好采用自动卷帘机（图11-5）。

（3）临时加温　要在气温骤降、连续阴雪天，应用热风炉、碘钨灯、电暖器等设施临时加温，要严禁使用明火供暖，以防给人和树体带来危险。

（4）设施内的降温　主要采用通风窗和通风口来调节（图11-6），有些也采用自动放风机来调节（图11-7）。要根据季节、生育阶段和天气情况，掌握通风量，如需降温要从顶缝放风，开风口要均匀一致，由小逐渐加大，使温度平稳、均匀变化，不要忽高忽低，也不要在温度升到极限时，突然全部打开放风口，这样会造成骤然降温，会使花、叶和果实受害。

图11-6　通风口

图11-7　自动放风机

5. 湿度调控　在开花期，空气湿度大容易造成花粉黏滞，扩散困难，影响坐果，但空气湿度过小，同样对授粉受精不良。在新梢生长期，空气湿度大影响树体的蒸腾作用，容易引起新梢旺长，病虫害加重，延缓果实的成熟，降低果实的产量和品质。在萌芽期，空气相对湿度应控制80%左右；开花期，空气相对湿度应控制40%～50%；果实发育期，空气相对湿度应控制50%左右，白果后相对湿度应控制50%左右。

（1）降湿的方法　①用地膜覆盖树盘，减少地表水分的蒸发，可有效降低空气中的湿度。②开顶缝通风排湿，可促进室内外空气的交换，特别是灌水后应及时通风排湿。③控制灌水次数和灌水量，改漫灌为膜下渗灌，改大水灌为小水勤灌。④适当增加室内温度，从而降低空气的湿度。⑤在室内放置石灰块等吸湿物，降低空气的湿度。

（2）增湿的方法　①在地下干旱缺水时，要用灌水增湿，但不利于地温的提高，一般要慎用。②在空气湿度低于40%时，可以在上午10时左右喷水，以放帘前全部蒸发完为宜。③中午气温高时，可采用地面洒水，增加空气中的湿度。

6. 光照调控　冬季设施樱桃的生产，由于日照时间短，光照强度低，对树体生长发育影响很大。所以，要采取如下补光措施。

（1）张挂反光膜　从幼果期开始，在树下和后墙铺、挂反光膜（图11-8）。

（2）清洁薄膜　经常清除薄膜上的灰尘和杂物，每2～3天清理一次。

（3）人工补光　阴天、雪天和多云时，用日光灯、白炽灯、高压汞灯等进行补光（图11-9），灯距枝叶以60厘米为宜，每天以43.2瓦/（时·米^2）补光18个小时即可。

图11-8　后墙挂反光膜

图11-9　补光灯

（二）塑料大棚的设计与建造

1. 规格与结构

（1）规格　根据多地考查与对比，塑料大棚的跨度宜为10米，高度宜为

图11-10 塑料大棚

4.5米，长度宜为67米，单栋的面积宜为667米^2（图11-10）。

（2）结构 要求塑料大棚的骨架，采用镀锌钢管，棚头墙体红砖浆砌，用10厘米厚的苯板外保温，提高抗风和雪压的能力。

2.棚型设计

（1）方向与棚型 大棚南北走向好于东西走向，南北走向受光均匀，光照强度明显增加；东西走向受光不均匀，南侧受光高于北侧。

大棚的稳固性，主要取决于骨架的材质、薄膜的质量和压膜线的牢固程度，重点取决于大棚的棚型。如果大棚棚型平坦，雨后容易积水成兜，钢骨架也能压塌，特别在风速大时，棚内外形成较大的空气压强差，使大棚内产生举力，造成棚膜上天。如果采用流线型不带肩的大棚，这样不但能减弱风速，而且压膜线也能压得牢固，具有很好的稳固性。

（2）高跨比的确定 高跨比就是指棚高与棚宽的比值。在北方地区，高跨比以0.25～0.3较好；而南方地区，应增加到0.3～0.4。计算高跨比的公式为：高跨比=（棚高-肩高）÷跨度。

（3）长跨比的确定 长跨比就是棚室的长度和宽度比值。大棚的长跨比是影响稳定性的重要因素，长跨比值越大，地面固定部分越多，稳固性也越好，反之则然。如果大棚面积为667米^2，14米的跨度，长度应为47.6米，周边长度为123米；而10米跨度，长度为66.6米，周边长度为153米，大棚的长跨比等于或大于5稳固性较好。所以，大棚的跨度以10～12米为宜。

（4）通风位置的确定 通风可以调节棚室内温度、湿度和气体的成分。一般都留3道通风口，即留中缝和两道边缝，中缝在大棚中部最高位置，边缝在大棚两侧的肩部，离地面1～1.2米高的位置。在通风时，冷空气从边缝放入，热空气从顶缝排出，通风效果较好。

（5）大棚的间距 在建设塑料大棚群时，棚室间距离要达到2～2.5米，棚头间距离要达到5～6米，才有利于通风和运输。

3.温度、湿度、光照调控 请参照日光温室。

（三）品种选择与授粉树的配置

促成栽培的樱桃品种应选择市场前景好，价格高、销路好；个头大，品质好，丰产性好；需冷量低，完成休眠早，能早扣棚；果实发育期短，能提早上市；适应性强，栽培障碍少，易管理；花期一致、相互授粉亲和性好（S基因型不同），授粉品种花期长、花量大的品种。设施栽培的目的是生产更早熟、优质的樱桃，因此应尽量选择品质优良、适宜设施栽培的品种，如红灯、美早、先锋、拉宾斯、布鲁克斯等。砧木品种，以矮化、半矮化砧木为主，目前推荐G6、G5；选择考特、马哈利、大青叶等乔化砧木，采用矮化密植栽培技术，进行成龄树断根移栽，促进成花果；接穗品种，以个大、硬肉、丰产的早中熟种为主，侧重自交。

由于大棚栽培湿度大、空气不流通，授粉距离短，授粉比较难，所以授粉品种的比例必须高一些，授粉树要与主栽树栽植比较近，相互交错，才能满足互相授粉的要求。主栽品种与授粉品种的比例2：1，最好授粉品种在3个以上。亲和品种，色泽上以深色品种为主，适当搭配浅色品种。

（四）打破休眠，提前升温

1. 休眠期的确定　　在正常管理条件下，落叶后即进入休眠期。

2. 需冷量的估算　　樱桃树进入休眠后，需要一定限度的低温量，才能解除休眠期。只有满足樱桃的需冷量，才能正常的开花结果。

所谓需冷量，就是解除樱桃树自然休眠所需的有效低温时数。樱桃的需冷量，不同品种需冷量存在着很大的差异，即使同个一品种，在不同年份、不同地区需冷量也不同。所以，估算需冷量的准确性，受限于特定的环境条件。在0～7.2℃范围内，一般品种的需冷量为800～1 400个小时。红灯、红艳、早红珠等品种，需冷量为800～850个小时；佳红、美早等品种，需冷量为950～1 000个小时；拉宾斯、雷尼等品种，需冷量为1 200～1 400个小时。只有满足了品种的需冷量，才能揭帘升温。

3. 解除休眠，扣棚升温　　大连瓦房店的果农，采用人工和物理的方法打破休眠。即从10月上旬气温下降开始（寒露），白天覆盖草帘或棉被（盖前先把顶风口塑料薄膜覆盖上）（图11-11），夜间拉开草帘或棉被，控制太阳光照

图11-11　覆盖草帘

的直射，降低设施内的温度，促使樱桃树提前落叶进行休眠；或采用喷施10%～12%的尿素液，强迫树体提前休眠。帘子每天早上放的要早，让室内保存夜间的冷空气，并且要在太阳出来之前把帘子放到底，封闭设施内不见阳光。采用以上两种方法，1个月左右落叶，但帘子的拉放要坚持到升温时，大约在11月末就可完成休眠。

在11月中旬前后，要选择温暖无风天，将顶风口下的大片塑料薄膜盖上，增加土壤的贮热量，保证地下土壤不结冻，这是果实提早成熟的重要措施。在12月上旬要揭帘升温，在升温前一天的下午，全树洗喷50%单氰胺（荣芽）70倍液、或芽早70倍液，进行补偿休眠；然后施好基肥、灌透水和修剪工作，并在7天后喷施一次5波美度石硫合剂，树下覆盖上地膜提高地温，果实放白时地下要全部覆盖地膜，以防水分蒸发、棚内湿度高引起裂果。

温馨提示：

　　单氰胺是无色的晶体，没有任何残毒，可用于冷量积累不足进行破眠催芽。单氰胺喷施后，不但可提前7～10天萌芽、开花和果实成熟，而且萌芽率提高，开花整齐，成熟集中，单果重和产量均有明显提高。但容易促进新梢的旺盛生长，要在棚内见到第一朵花开时，喷施一次PBO70～80倍液，控制新梢的旺长。单氰胺对成熟度不足的枝和芽，容易造成死枝、死芽的现象，使用的浓度不能过高，并注意对皮肤的危害。

从升温到开花，大约需要1个月的时间，在花蕾露白时就要放蜂准备授粉；在花开30%时，可进行人工授粉。对美早、萨米豆、佳红等品种，在花开50%时，用赤霉素1克＋植生源10毫升（四川国光牌细胞分裂素）＋贝嫁2克（防落素）＋富果15毫升（氨基酸）＋水7.5千克喷施花朵（此方仅供参考），并在15～18天后喷施第二次，对后开的花和小果还可在7天后喷第三

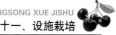

次，不但可以显著提高坐果率，而且还可促进授粉受精后的果实生长。但红灯品种，在振动有少量花瓣脱落时喷施第一次，间隔15～18天后喷施第二次，才能显著提高坐果率。

树体花芽少时，可在花开10%时，对每朵花都进行喷施，喷施前在坐果剂中加少量食用红色素，以防漏喷和多喷。在喷施时要对准花心，以花心药满为宜。如果花期不喷坐果剂，室内白天气温应保持在17°为宜。

设施内的樱桃树，要严格控制旺长，修剪量要适当加大，严禁枝与枝之间相交；要求半树花，满树果，在花量过多时，每15厘米留一个花序，否则当年果个小，翌年花芽少，造成当年增产减收，翌年减产减收。

塑料大棚的管理同日光温室，但果实的采收时间延后。

温馨提示：

植物生长剂要现配现用，不可因存放时间过长，而降低药效。在喷施时，要用一只手握住喷头喷药，另一只手或用纸隔板盖住花周边的叶片，减少药液喷到叶片和新梢上，因坐果剂中含有赤霉素，很容易造成枝条的徒长、叶片的肥大、畸形果的产生，大小年结果现象的发生；在时间上，最好选择下午气温不高时施药，因温度高时叶片吸收能力下降，致使过量药液沉积叶表面，以免对叶片造成伤害。

在进行延迟栽培时，当棚内温度高于5℃时，就要进行人工降温。大棚升温不宜过早，要在外界旬平均气温不低于－12℃时揭帘升温；无草帘覆盖的，应在旬平均气温－8℃时升温，以免发生冻害。

（五）设施内气体的调控

1.二氧化碳的调节

（1）要增施农家肥，利用农家肥分解二氧化碳，如用秸秆反应堆，不但提高地温和有机肥，而且又增加空气中二氧化碳的浓度。

（2）利用二氧化碳发生器、或固体二氧化碳肥料、或二氧化碳气肥，增加二氧化碳。

（3）用稀硫酸和碳酸氢铵，混合产生二氧化碳的气体。

（4）用通风换气调节，晴天在不影响温度的情况下，开启通风口，补充二氧化碳。

（5）要在花后开始补充二氧化碳，一般揭帘前半小时可施放，阴天时要少施或不施。

2. 有害气体的为害及预防（表11-2）

表11-2　有害气体的危害及预防

种类	产生原因	危害	预防措施
氨气	未腐熟畜禽粪便和施用的氮肥造成氨气的积累	当空气中达到5毫克/千克时，就可造成幼叶出现水渍斑点，严重时变色枯死	家肥必须充分腐熟，氮肥必须沟施，并结合灌水，如已发生要通风排出氨气
二氧化氮	在土壤呈碱性或氮肥施用过多时，硝酸细菌的作用降低，多余的二氧化氮不能转化成硝酸，则释放在空气中	当二氧化氮浓度达到25毫克/千克时，叶绿体褪色，叶脉变成白色	施用氮肥要少量多次，最好和磷酸钙等肥混施
二氧化硫	燃烧煤炭或施用未腐熟的粪便，释放出二氧化硫	当二氧化硫浓度达到5毫克/千克时，短时间叶缘和叶脉细胞就会死亡，形成白色或褐色枯死斑	①选用优质的无烟煤，彻底燃烧，烟道要严密。如发生烟熏，要及时通风换气②不施用未腐熟的粪便。
一氧化碳	由煤炭燃烧不完全，从烟道排出	当空气中一氧化碳的浓度过量时可对叶、花造成危害，受害叶片褪色	
乙烯	来自有毒的塑料薄膜和塑料管	当空气中乙烯的浓度超过0.05毫克/千克时，可使叶片褪绿，严重时会引起死亡	要选择无毒塑料薄膜和塑料管，经常通风换气
氯气	来自有毒塑料制品	当空气中的氯气浓度达到0.1毫克/千克时，就能破坏叶绿素，使叶片褪色脱落	

（六）其他管理

1. 大树的移栽　在设施内定植大树，最好是春季进行定植，因为经过一年的生长后，上冻前可以扣棚生产；如果秋后定植的大树，上冻前就扣棚生产，势必造成树衰果稀，甚至会大量的死树。

在设施内大树定植时，一是要选择骨干枝少，结果枝组多，内膛光照好的矮化树；二是在定植时能稀不能密，能少栽不多栽，做到室内光照好，在10米以内跨度的日光温室内只栽2行树，第1行树距前底脚3米，第2行树距后墙3米，株行距为4米，对10米以上跨度内可定植3行树；三是要顶行进行栽植，不能插空进行栽植，以防叶片长大后挡光限热；四是在山坡地采用梯田式栽培，从后墙到前窗栽一行树下降一个台阶，每个台阶可下降40～50厘米。

在移栽大树时，最好用装载机和挖沟机挖树（图11-12），这样可以减少伤根。对移栽距离较近的地方，还可以代土坨移栽大树，在定植后用移栽灵2 000倍液＋巴巴金2 000～4 000倍液＋海绿素1 000倍液灌根，春栽树要灌2次，秋栽树要灌3次，减少大树的缓苗时间，显著提高大树的成活率。

图11-12　挖沟机

2. 施肥　设施内的樱桃树，要采用少施多次的施肥方法，在花前和花后要追施二次肥，以速效性氮肥为主，提高坐果率，促进幼果膨大和新梢生长；在果实生长期，每7～10天冲施一次钾肥和磷肥，但地温必须达到8～15℃方可进行。在叶面喷施上，要以磷酸二氢钾、光合微肥、海绿素等为主。

在果实采收后后，用绿兴1 000倍液＋尿素0.3%～0.5%进行叶面喷施，每隔15天喷一次，连续喷3次即可，隔次加0.5%磷酸二氢钾，以提高叶片光合作用的能力。在7月上旬追施一次高氮高钾的复合肥。在8月上旬要施高标准的基肥，增加树体的营养积累。

3. 灌水　樱桃树的灌水，要坚持少灌多次的原则。在升温前，要灌一次透水，促进树体萌芽；在升温后，要灌5次小水，即花前灌水促进开花坐果；花后灌水促进幼果膨大；硬核期灌水促进果实生长；采收前灌水促进果肉细胞的膨大；采收后灌水促进花芽的分化。

4. **采收后的管理** 采收后的管理常被果农忽视。在采收后，控制好设施内的温度和湿度，保证树体的正常生长，减少二次花的发生，及时防治病虫害，确保树体的养分回流，促进花芽分化，为翌年的生产打下良好的基础。

（1）**及时去除覆盖物** 采收近结束时放风锻炼不得少于15 ～ 20天，去除棚膜但防止撤膜过急。撤膜后及时罩遮阳网保护（图11-13），防止夏季高温日晒灼伤叶片，遮阳网的遮光率要在30%以下。

图11-13 设施骨架上覆盖遮阳网

（2）**及时追肥** 以速效性肥料为主，株施腐熟豆饼2 ～ 3千克或氮、磷、钾复合肥1千克，沟施，沟深20厘米左右。叶面补肥，每隔15天左右喷施叶面肥1次，连续2 ～ 3次。

（3）**追肥后灌水** 追肥后要及时灌水，同时雨季要搞好棚内排水。为预防夏季高温干燥对树体的影响，要及时喷灌水和打开通风窗。

十二、樱桃病虫害绿色防控

（一）病害

樱桃褐斑病

【病原】有性阶段为子囊菌亚门樱桃球腔菌*Mycosphaerella cerasella* Aderh.，无性阶段为半知菌亚门的 *Pseudocercospora circumscissa*（Sacc）Liu & Guo，也有报道称为核果钉孢菌 *Passalora circumscissa*。

【病害识别】发病初期在叶片正面出现针头大小的黄褐色斑点，后病斑逐渐扩大为直径 2 ~ 5 毫米的圆斑，边缘不明显，中心部分仍为黄褐色或浅褐色，边缘呈红褐色，常多斑愈合，后期叶片的病健交界处产生裂痕，病斑部干化和皱缩，后病斑脱落，留下穿孔症状（图12-1至图12-3）。该病引起早期落叶，严重时可导致秋季开花和产生新叶，树势衰弱，影响当年的花芽分化和来年的产量品质。

图12-1　叶片上黄褐色斑点

图12-2 病斑穿孔

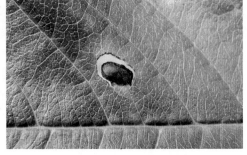

图12-3 病斑穿孔近照

【发生特点】病原菌以菌丝体在病叶上越冬，翌年春季产生子囊和子囊孢子，进行初侵染，并产生分生孢子，进行再侵染。发病程度与树势强弱、降水量、立园条件和樱桃品种相关。树势弱、降水量大而频繁、地势低洼和排水不良、树冠郁闭通风差的果园发病重。

【防治方法】

（1）农业防治　扫除落叶，减少病原，加强果园管理，提高树体抗病力。

（2）化学防治　谢花后至采收前，喷80%代森锰锌可湿性粉剂600倍液、70%丙森锌可湿性粉剂600倍液、75%百菌清可湿性粉剂600～800倍液，发病初期喷施24%腈苯唑悬浮剂3 000倍液、43%戊唑醇悬浮剂2 500倍液、50%多菌灵可湿性粉剂600～800倍液、70%甲基硫菌灵可湿性粉剂600～800倍液。

樱桃炭疽病

【病原】*Gloeosporium laeticolor* Berk.属半知菌亚门盘长孢菌属。

【病害识别】该病能够为害樱桃叶片、果实及新梢。叶片被害后，出现圆形红褐色病斑，后逐渐扩大，后期病斑中央变灰白色，提前落叶（图12-4和图12-5）；幼果被害后，病斑呈暗褐色，病部凹陷、硬化，发育停止，成熟果实被害后，病斑凹陷，湿度大时病部会形成带有黏性的黄色孢子堆，部分果实受害会形成僵果（图12-6）。

【发生特点】以菌丝体或分生孢子器在枝梢、僵果等病残体中越冬，翌年气温回升时，降雨后产生大量分生孢子，随风雨及昆虫传播，降雨频繁、田间湿度大易发病。

图12-4　叶片正面被害状

图12-5　叶片背面被害状

【防治方法】

（1）农业防治　注意田园清洁工作，及时剪除病枝、清扫落叶及摘除病果等，将病残体带园外集中烧毁，同时增施有机肥，增强树势，提高抗病能力。

（2）化学防治　在樱桃花谢7天后，每隔10天喷1次杀菌剂，可选用25%咪鲜胺乳油1 000～1 500倍液、25%咪

图12-6　果实被害状（僵果）

鲜胺水乳剂1 000～1 500倍液、50%咪鲜胺锰盐可湿性粉剂1 500倍液等药剂。

樱桃细菌性穿孔病

【病原】 *Xanthomonas campestris* pv. pruni（Smith）Dye，为黄单孢杆菌属，属甘蓝黑腐黄单胞菌桃穿孔致病型。

【病害识别】 叶片、枝条、果实均可发病。叶片染病后初期出现半透明淡褐色水渍状小点（图12-7），扩大成紫褐色至黑褐色圆形或不规则形病斑，边缘角质化，病斑周围有水渍状淡黄色晕环，后期病斑干枯，病斑脱落形成穿孔（图12-8）。

果实染病后果面出现暗紫色中央稍凹陷的圆斑，边缘水渍状。天气干燥时，病斑及其周围呈裂开状，露出果肉，易被腐生菌侵染引起果腐。枝条染病后，生成溃疡斑，春季枝梢上形成暗褐色水渍状小疱疹块，可扩展至1～10厘米，夏季嫩枝上产生水渍状紫褐色斑点，多以皮孔为中心，圆形或椭圆形，中央稍凹陷。

图12-7 叶片上半透明淡褐色水渍状小点　　　图12-8 叶片穿孔

【发生特点】病菌在落叶或枝条病组织（主要是春季溃疡病斑）内越冬。翌年随气温升高，潜伏在病组织内的细菌开始活动。樱桃开花前后，细菌从病组织中溢出，借助风、雨或昆虫传播，经叶片的气孔、枝条和果实的皮孔侵入。叶片一般于5月中、下旬发病，夏季如干旱，病势进展缓慢，到8～9月秋雨季节又发生后期侵染，常造成落叶。温暖、多雾或雨水频繁，适于病害发生。树势衰弱或排水不良、偏施氮肥的果园发病常较严重。

【防治方法】

（1）农业防治　一是加强果园管理，增施有机肥，避免偏施氮肥。注意果园排水，合理修剪，降低果园湿度，使通风透光良好；二是结合修剪，彻底清除枯枝、落叶等，集中烧毁；三是樱桃要单独建园，不要与桃、李、杏等核果类果树混栽。

（2）化学防治　发芽前喷5波美度石硫合剂，发芽后喷72%农用链霉素可湿性粉剂3 000倍液或20%噻唑锌悬浮剂300倍液，每隔15天喷洒一次，连续喷2～3次。

樱桃黑斑病

【病原】樱桃链格孢菌*Alternaria cerasi* Potebnia，属半知菌亚门交链孢菌属。

【病害识别】主要为害叶片、果实。叶片受害后，形成不规则紫褐色的病斑，后期病斑脱形成边缘褐色的穿孔，部分老叶受害后形成焦枯状。果实被害后，在果面形成黑斑，湿度大时上有黑色的霉层（图12-9）。

【发生特点】该病以菌丝体或分生孢子在病残体中越冬，翌年4月借雨水、风或昆虫传播，形成再侵染，5～9月为发病盛期，雨水是该病害流行的主要条件，雨季来临早而雨量大的年份发病重，通风不良、低洼积水的果园易发生。

【防治方法】

（1）农业防治　一是增施磷、钾肥及有机肥，增加树势；二是结合冬季清园修剪，清除病残体。

（2）化学防治　在樱桃花谢7天后，每隔10天喷1次杀菌剂，可选用

图12-9　果实被害状

25%咪鲜胺乳油1 000～1 500倍液、25%咪鲜胺水乳剂1 000～1 500倍液、50%咪鲜胺·锰盐可湿性粉剂1 500倍液等药剂。

樱桃白粉病

【病原】三指叉丝单囊壳菌*Podosphaera tridactyla*（Wallr.）de Bary，属子囊菌亚门白粉菌目白粉菌科。

【病害识别】叶片、果实均可发病。叶片染病后，叶面上呈现白色粉状菌丛，菌丛中呈现黑色小球状物病原菌的闭囊壳（图12-10）。果实染病后，果面出现白色圆形粉状菌丛，后来病斑逐渐扩大，后期果实病斑及附近表皮组织变浅褐色，病斑凹陷、硬化或龟裂。

【发生特点】病菌以闭囊壳越冬，翌年春季释放出子囊孢子进行初侵染，形成分生孢子后进一步扩散蔓延。

图12-10　叶片被害状

【防治方法】

（1）农业防治　冬季清理果园，扫除落叶，集中烧毁，降低越冬菌源基数。

（2）化学防治　发病初期，可选用80%硫黄水分散粒剂800倍液，40%腈菌唑可湿性粉剂或50%醚菌酯水分散粒剂4 000倍液，或1 000亿/克枯草芽孢杆菌可湿性粉剂70～84克/亩，喷施1～2次。

樱桃灰霉病

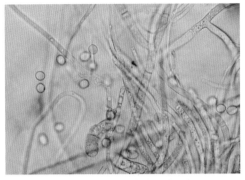

图12-11　病原（分生孢子）

【病　原】*Botrytis cinerea* Pers.，属半知菌亚门灰葡萄孢属（图12-11）。

【病害识别】该病主要为害樱桃花序、叶片、果实及新梢。花序受害后，花瓣脱落；叶片和果实受害后，受害部位出现油浸状斑点，逐渐扩大呈不规则大斑，叶片脱落，果实逐渐变褐腐烂，病组织上产生鼠灰色霉层（图12-12和图12-13）；新梢受害后，病部变褐色并稍呈萎缩状并枯死，其上产生灰色毛绒霉状物。

图12-12　果实被害状（1）

图12-13　果实被害状（2）

【发生特点】该病以菌丝体或分生孢子在病残体中越冬，翌年春季产生分生孢子，借风雨、昆虫媒介传播，阴雨有利病害发生及传播。

【防治方法】

（1）农业防治　冬季清园，清除果园中病残体，集中烧毁或深埋，减少越冬病原基数。

（2）化学防治　樱桃萌芽前，喷施4～5波美度石硫合剂，发病初期，喷施75%肟菌·戊唑醇水分散粒剂3 000倍液或24%腈苯唑悬浮剂3 000倍液或43%戊唑醇悬浮剂2 500倍液。

樱桃树木腐病

【病原】*Polyporus* spp.；*Schizophyllum commune* Fries；*Fomes fulvus* (Scop.) Gill.；*Poria vaillantii*（Dc.ex Fr.）；*Cookeoriolus vericolor* (L.；Fr.)，属担子菌亚门。

【病害识别】该病又称心腐病，是五年生樱桃树上常见的一种病害，主要为害樱桃树的木质心材部分，使心材腐朽。主要症状是在虫伤口、机械损伤口或其他伤口长出圆头状的子实体，形状主要有半圆伞形，上部有轮纹，初始坚硬乳白色，后变为黄褐色，也有半圆扇状菌伞，周缘向下弯曲，有菌褶，呈千层菌状，颜色为灰白色。

【发生特点】该病病原菌主要通过机械伤口、虫伤口或其他伤口侵入，可以在受害树干上长期存活，子实体产生的担孢子随风雨传播，老龄树及长势弱的树易严重发生。

【防治方法】

（1）农业防治　发现病树，立即铲除子实体，并用43%戊唑醇悬浮剂500倍液涂抹伤口，子实体带出园外集中烧毁。

（2）加强对钻蛀性害虫的防治　特别是天牛、吉丁虫、木蠹蛾等钻蛀性害虫要加强防治，减少其为害所造成的伤口。

樱桃膏药病

【病原】担子菌亚门、隔担子菌属，有两种病原菌，包括褐色膏药病菌 *Septobasidium tankae* 和灰色膏药病菌 *Septobasidium pedceiiatum*。

【病害识别】该病通常在2年生以上的树干上发生，主要在背阴面的较粗的枝干，表现为圆形、椭圆形的菌膜组织（图12-14），菌膜有灰色、褐色2种，灰色膏药病整个菌膜具有轮纹，比较平滑；褐色膏药病菌膜为茶褐色或紫褐色，边沿一圈有细白线，菌膜表面呈天鹅绒状，较厚。整个菌膜像膏药，故称"膏药病"，发病严重的树上，多个菌膜连成一片，包被了大部分树干，导致树势衰弱、叶片发黄或枯死。

图12-14　枝干被害状

【发生特点】该病与介壳虫伴随发生。该病病原在枝干上越冬，翌年雨水充足时经介壳虫传播扩散发病。

【防治方法】

（1）农业防治　冬季清园时，刮除菌膜，并涂抹5～6波美度石硫合剂。雨季来临时开沟排水，保持园内通风透光。

（2）化学防治　主要防治介壳虫。在介壳虫若虫盛发期，喷施24%螺虫乙酯悬浮剂4 000～5 000倍液、99%SK矿物油100～200倍液。

樱桃侵染性流胶病

【病原】多主葡萄壳菌 *Botryosphaeria berengeriana* de Not.，属子囊菌亚门。

【病害识别】主要为害枝干，发病初期，病部表面湿润，呈现暗褐色凹陷状，下部皮层坏死、开裂，溢出胶液（图12-15），后皮层逐渐腐烂。前期溢出胶液呈淡黄色半透明的胶冻，后变为深褐色的琥珀状胶块（图12-16）。

图12-15　枝干被害状　　　　　　　图12-16　枝干上溢出的胶液

【发生特点】病菌以菌丝体、分生孢子器、子囊座在被害枝条中越冬。翌年4月初产生分生孢子，通过雨水和风力传播，经机械伤口或皮孔侵入植株。枝干内潜伏病菌的活动与温度和湿度有关，温暖多雨天气有利于发病，高温时病害发生受到抑制。

【防治方法】

（1）农业防治　一是选择地势高、排水好的沙壤土建园；二是增施有机肥，适时追肥，提高树势；三是冬季修剪时，剪除病枯枝，带出园外烧毁；四是保护树体，防止冻害、日灼、虫害、机械损伤等造成伤口。

（2）药剂防治　樱桃树萌芽前，喷施5波美度的石硫合剂，发现流胶的位置，先将老皮刮除，再涂70%福美锌可湿性粉剂80倍液。发病初期喷施杀菌剂进行防治，可选用的药剂有80%代森锰锌可湿性粉剂600倍液、40%腈菌唑可湿性粉剂6 000倍液。

樱桃树腐烂病

【病原】*Valsa prunastri*（Per.）Fr.，属子囊菌亚门黑腐皮菌属。

【病害识别】主要为害植株主干及主枝。发病初期，病部稍凹陷，可见米粒大小流胶，流胶下树皮呈黄褐色，发病后期病斑表面生成钉头状灰褐色的突起（图12-17），病斑表皮下腐烂，湿度大时有黄褐色丝状物。

【发生特点】该病菌属弱寄生菌，在树势较弱的植株上发病快，病菌以菌丝体、子囊壳及分生孢子器在树干

图12-17　钉头状灰褐色突起

发病组织中越冬，翌年雨季来临时分生孢子借雨水传播，从植株伤口或皮口侵入，在树皮与木质部消解细胞，形成大量胶质孔隙，树皮裂开后，病部常发生流胶。春季至秋季发病较快。此外，生理性原因也可造成流胶病，高温、高湿环境下该病易重发生。病害、虫害、冻害、机械伤等造成的伤口是引起流胶病的重要因素，同时修剪过度、施肥不当、水分过多、土壤理化性状不良等也可引起流胶。

【防治方法】

（1）**农业防治**　增施有机肥，防止旱、涝、冻害，树干涂白，预防日灼，加强蛀干害虫防治，修剪时尽量减少伤口，避免机械损伤。

（2）**物理防治**　冬季树干涂白。

（3）**化学防治**　喷施0.136%芸薹·吲乙·赤霉酸可湿性粉剂等增强树势，提高树体自身抵抗能力，在伤口处涂抹1.5%噻霉酮或78%波尔·锰锌或50%氯溴异氰脲酸，并全园喷雾；刮涂病斑，发现病斑后用刀刮涂，并用70%甲基硫菌灵可湿性粉剂50倍液涂抹伤口，并再涂抹植物或动物油脂保护伤口。

樱桃褐腐病

【病原】*Monilinia fructicoa*（Wint.）Rehm.，属子囊菌亚门核盘菌属。

【病害识别】主要为害叶片、花、新梢、果梗与果实。叶片主要在展叶期受害，初期在叶片表面生成淡棕色病斑，后变棕褐色，表面有白色粉状物，后期叶片萎缩下垂；花器受害后，渐变成褐色，湿度大时表面形成一层灰褐色粉状物；该病蔓延到花梗、果梗及新梢上后，形成溃疡斑，病斑长圆形，中央稍凹陷，灰褐色，边缘紫褐色，常发生流胶。果实生育期均可发病，以近成熟的果实为害重。幼果受害后，表面形成淡褐色小斑点，病斑逐渐扩大，颜色变为深褐色，成熟果实发病后，初期表面生成淡褐色小斑点，迅速扩至全果，全果软腐，病斑表面产生大量灰褐色粉状物（图12-18），常呈同心轮纹状排列，即病原菌的分生孢子团。发生严重的，后期会出现僵果（图12-19）。

图12-18　果实表面灰褐色粉状物　　　　　　　图12-19　僵　果

【发生特点】该病以菌核或菌丝体在病僵果、病枝或病叶中越冬，翌年气温回升时，产生子囊孢子和分生孢子，借风雨或气流传播，从寄主植物的气孔、皮孔、伤口侵入。

【防治方法】

（1）农业防治　一是加强果园管理，增施有机肥，合理负载，增强树势；二是结合冬季清园及修剪工作，清除病残体，以消灭越冬菌源。

（2）化学防治　树芽萌发前，均匀喷施4～5波美度石硫合剂，谢花后喷施2次杀菌剂，可选的药剂有50%异菌脲悬浮剂1 000倍液、70%甲基硫菌灵可湿性粉剂800倍液或43%戊唑醇悬浮剂3 000倍液。

樱桃冠瘿病（根瘤病、根癌病、根肿病）

该病现在我国樱桃种植局部区域为主要病害。

【病原】*Agrobacterium tumefaciens*（Smith et Townsend）Conn.，属薄壁菌；土壤杆菌属。

【病害识别】能危害植株的根、主干、枝条等部位，发病初期呈灰白色松软的瘤状物，后期增大变褐，并且前期触摸较嫩、表面光滑的瘤状物逐渐扩增成不规则的块状或椭圆状，地上部发病部位接触空气后表面变为黄褐色，干燥后则变为暗褐色的硬质胶块。直径较大的瘿瘤表面由于病斑外皮坏死脱露，而呈现出许多凸起状的小木瘤，表面龟裂、粗糙，呈菜花状，质地坚硬，瘤体生长的后期阶段呈现快速增长，增多，多则20个以上，严重的瘤体表面会伴有流胶的现象，大者直径可达10厘米，小的似核桃。瘤体流胶严重的将会破坏患病植株的输导组织韧皮部，尽而阻碍营养物质的运输与传输，导致树体逐渐衰弱（图12-22）。

图12-20 发病初期

图12-21 发病后期

图12-22 树体衰弱

【发生特点】在植株生育期内均可发病，且发病率与温度、湿度有着密切相关的作用，主要传播媒介为雨水和灌溉水，其中对远距离传播来说重要途径为苗木感染病害，当根癌土壤杆菌入侵后，寄主细胞常会因基因异常插入失控分裂而形成瘿瘤。国内研究表明，一般情况下，大龄树发病严重，主干上病斑大且伴随流胶，幼龄树则发病较轻，一般在主干或侧枝上，就土壤性状来说，酸性、透气性较差、排水不良以及曾种植樱桃连作的土壤均易发生冠瘿病，而且田间偏施氮肥、负载量过大、园内郁闭、地势低洼等因素也会更进一步加重樱桃冠瘿病的发生。

【防治方法】

（1）植物检疫　苗木调运前必须经过检疫，坚决杜绝带病苗木传播。

（2）农业防治　选用抗病力强的砧木，苗木出圃前要进行检查，剔除病苗，同时加强田间管护，多施腐熟的有机肥，增强树势。

（3）生物防治　选用根癌宁生物农药30倍液稀释液蘸根，或涂抹苗木嫁接伤口起保护作用。

（4）化学防治　苗木定植前，对接口以下部位用1%硫酸铜液浸5分钟，再放入2%石灰水中浸泡1分钟。定植后发现癌瘤时，先用刀切除癌瘤，再用20%噻唑锌悬浮剂50倍液或10%农用链霉素可湿性粉剂1 000倍液涂抹伤口，外涂凡士林保护，也可用生物制剂灌根。

病毒病

【病原】为害樱桃的病毒多达40多种，主要的种类有李矮缩病毒（PDV）、李属坏死环斑病毒（PNRSV）、苹果褪绿叶斑病毒（ACLSV）、樱桃卷叶病毒（CLRV）等。

【病害识别】病毒能为害樱桃整个植株，如叶片、果实等部位（图12-23）不同的病毒引起的症状不同，李属坏死环斑病毒（PNRSV）表现症状常为叶片呈现破碎状及耳突，部分坏死或提前脱落；李矮缩病毒（PDV）表现症状常为叶片畸形、黄花叶、褪绿环斑和坏死斑；樱桃卷叶病毒（CLRV）表现症状常为新梢和叶芽明显伸长、开花推迟且植株长势衰弱，叶片边缘向上卷起（图12-24），类似枯萎，部分叶片在生长时期会变成紫红色或产生浅绿色的环斑。感染病毒的植株苗木在嫁接时，成活率显著降低。病毒主要通过繁殖材料、嫁接、机械损伤、昆虫等多途径传播。

图12-23　果实被害状

图12-24　叶片边缘向上卷起

【发生特点】植株感染病毒后，全株带毒，具有潜伏性，初期树体不表现明显的外部症状，难以察觉，能够通过苗木嫁接传播病毒，且会出现多种病毒同时侵染同一寄主的情况。

【防治方法】

（1）铲除毒源，使用无病毒繁殖材料　樱桃感染病毒病后难以治愈，发现病株后立即铲除植株，并在园外销毁，同时，建立隔离区培育健康苗木。

（2）控制传毒媒介　及时防治叶蝉、蚜虫等害虫，避免通过这些害虫传播病毒。

（3）化学防治　初发病时，每7天喷施1次1%香菇多糖水剂750倍液，连施2～3次。

樱桃裂果病

生理性病害。

【病害识别】在果实膨大期时，久旱骤降雨或连续降雨，使果肉细胞吸水后迅速膨大，出现不同程度的果肉和果核外露（图12-25和图12-26），易染病菌和招致虫害。

图12-25　裂果（1）

图12-26　裂果（2）

【防治方法】

（1）选用不易裂果的品种。

（2）选择在沙壤土上建果园。

（3）合理调节土壤水分，果实进入膨大期后，土壤不可过干或过湿。

樱桃畸形果

生理性病害。

【病害识别】主要表现为单柄联体双果、三果、尖头果等（图12-27和图12-28），影响樱桃的外观品质。在花芽分化期间，高温可引起翌年出现畸形果的发生。

图12-27　单柄联体双果

图12-28　尖头果

【防治方法】先选择适宜的品种，及时摘除畸形花、畸形果。

（二）虫害

黑腹果蝇

【学名】*Drosophila melanogaster* Meigen，属双翅目果蝇科。

【危害特征】黑腹果蝇产卵于樱桃果实上，以孵化后的幼虫蛀食危害成熟果实，受害果实汁液外溢和落果，使产量下降，品质降低，影响鲜销和贮存。

【形态识别】

成虫：体长约5毫米。成虫体型较小，体长3～4毫米，淡黄色，尾部呈黑色；头部具有许多刚毛；触角3节，呈椭圆形或圆形，芒羽状，有时呈梳齿状，复眼鲜红色，翅很短，前缘脉的边缘常有缺刻（图12-29）。

卵：长约0.5毫米，白色。

幼虫：三龄幼虫4～5毫米，肉眼可见其一端稍尖为头部，上有一黑色口钩（图12-30）。

蛹：梭形，初呈淡黄，后变深褐色，前部端有2个呼吸孔，后部有尾芽。

图12-29 成 虫

图12-30 幼 虫

【生活习性】黑腹果蝇在我国樱桃产区均有发生为害，并有加重趋势。以晚熟品种（6月中旬后）和软肉樱桃品种受害较重。在贵州地区可终年活动，世代重叠，无严格越冬过程，发生数量和杨梅果实的成熟度密切相关，随着杨梅果实成熟度的上升，成虫数量随之上升，为害也呈加重趋势。

【防治方法】

（1）农业防治 摘除受害果实，清理落地残果，清除园内杂草，破坏果蝇栖息的生态环境。

（2）物理防治 利用果蝇成虫的趋化性，在樱桃果园内放置糖醋诱剂或香蕉诱剂，诱杀果蝇，可选用的配方有：红糖：醋：酒：晶体敌百虫水溶液＝5：5：5：85。

（3）化学防治 樱桃果实膨大着色至成熟前，用1.82%胺·氯菊酯烟剂按1：1对水，用烟雾机顺风对地面喷烟，熏杀成虫；或选用40%毒死蜱乳油1 500倍液、4.5%高效氟氰菊酯乳油2 000倍液，每间隔7天，对园内地面和周边杂草丛喷施。

（4）生物防治 保护捕食性天敌，如蜘蛛类和蚂蚁，果蝇幼虫出果后和跌落地面化蛹前，常被蚂蚁取食，或引进寄生性天敌。

樱桃瘿瘤头蚜

【学名】*Tuberocephalus higansakurae* Monzen，属半翅目蚜科。

【危害特征】主要以若虫、成虫危害樱桃叶片。叶片受害后向正面肿胀凸起（伪虫瘿）（图12-31），起初呈红色，后变枯黄，5月底发黑、干枯，影响樱桃生产。

【形态识别】

无翅孤雌蚜：头部呈黑色，胸、腹背面为深色，各节间色淡，节间处有时呈淡色。体表粗糙，有颗粒状构成的网纹。额瘤明显，内缘圆外倾，中额瘤隆起。腹管呈圆筒形，尾片短圆锥形，有曲毛3～5根。

有翅孤雌蚜：头、胸呈黑色，腹部呈淡色。腹管后斑大，前斑小或不明显。

若蚜：体小，与无翅胎生雌蚜相似（图12-32）。

卵：长椭圆形，深紫色至黑色。

【生活习性】1年发生多代。以卵在幼嫩枝上越冬，春季萌芽时越冬卵孵化干母，于3月底在樱桃叶端部侧缘形成花生壳状伪虫瘿，并在瘿内发育、繁殖，4月底虫瘿内出现有翅孤雌蚜并向外迁飞。

图12-31　伪虫瘿

图12-32　成虫若虫

【防治方法】

（1）农业防治　冬季清园时剪除受害枝梢，集中烧毁，消灭越冬卵。

（2）物理防治　挂置黄色板诱杀有翅蚜，减少虫口基数。

（3）生物防治　一是保护利用天敌，保护瓢虫、食蚜蝇、寄生蜂等天敌，抑制蚜虫发生为害；二是可选用1.5%苦参碱可溶液剂300倍液进行喷施。

（4）化学防治　在蚜虫发生期，可以喷施70%吡虫啉水分散粒剂3 000倍液、10%醚菊酯悬浮剂1 000～1 500倍液。

八点广翅蜡蝉

【学名】*Ricania speculum* Walker，属半翅目广翅蜡蝉科。

【危害特征】主要以成、若虫群集于嫩枝和芽、叶上刺吸汁液为害；产卵于当年生枝条内，影响枝条生长，削弱树势，重者产卵部以上枯死（图12-33）。

【形态识别】

成虫：体长11.5～13.5毫米，翅展23.5～26毫米；黑褐色，疏被白蜡粉；触角刚毛状，短小，单眼2个，红色；翅革质密布纵横脉，呈网状，前翅宽大，略呈三角形，翅面被稀薄白色蜡粉，翅上有6～7个白色透明斑，后翅半透明，翅脉黑色，中室端有一小白色透明斑，外缘前半部有1列半圆形小的白色透明斑，分布于脉间；腹部和足褐色（图12-34）。

图12-33 枝条内产的卵　　　　　图12-34 成　虫

【生活习性】八点广翅蜡蝉1年发生1代，以卵越冬，翌年5月孵化为害植株，7月下旬至8月中旬为羽化盛期。成虫经20余天取食后开始交配，白天活动为害，若虫有群集性。

【防治方法】

（1）农业防治　结合管理，注意适当修剪，防止枝叶过密阴蔽，以利通风透光。剪除有卵块的枝条集中处理，减少虫源。危害期结合防治其他害虫兼治此虫。

（2）生物防治　可选用400亿孢子/克球孢白僵菌可湿性粉剂，用量为20～30克/亩。

（3）化学防治　在若虫、成虫期，可选用70%吡虫啉水分散粒剂3 000倍液、10%醚菊酯悬浮剂600～1 000倍液、2.5%溴氰菊酯乳油1 000～1 500倍液进行防治。

桑盾蚧（桑白蚧）

【学名】*Pseudaulacaspis pentagona* (Targioni-Tozzetti)，属半翅目盾蚧科。

【危害特征】以若虫和雌成虫群集树干、树枝固定取食果树的汁液，6～7天后开始分泌物质形成蚧壳，蚧壳形成后，防治比较困难。严重发生时，蚧壳布满枝干（图12-35），造成树势减弱，甚至枝条和植株死亡。由于防治较困难，如果防治不力，几年内可毁坏樱桃园。

图12-35 若虫和雌成虫为害树干

【害虫识别】

成虫：桑白蚧雌虫为盖在黄褐色的介壳下，蚧壳近圆形，直径2～2.5毫米，拨开介壳，可见淡黄色的虫体；雄虫蚧壳细长，白色，1～1.5毫米。

若虫：体椭圆形，雌虫橘红色，雄虫淡黄色，一龄时有足，3对，二龄后退化。

卵：呈椭圆形，淡红色。

【生活习性】1年发生4代，以受精雌成虫在枝干上越冬，翌年果树萌动之后开始吸食为害，2月底3月中旬为越冬成虫产卵盛期，第1代第2代若虫孵化较整齐，第3代第4代不甚整齐，世代重叠。

【防治方法】

（1）植物检疫　加强检疫，调进苗木时，发现带有桑白盾蚧，应将苗木烧毁。

（2）农业防治　冬季清园时剪除受害重的枝条。

（3）化学防治　月中下旬，在幼虫孵化后分散为害初期，及时施药防治。可喷施24%螺虫乙酯悬浮剂4 000～5 000倍液、99%SK矿物油100～200倍液、48%毒死蜱乳油1 000倍液，用药时加上有机硅助剂效果更佳。

草履蚧

【学名】*Drosicha contrahens* Kuwana，属半翅目硕蚧科。

【危害特征】属大型介壳虫，若虫和雌成虫常成堆聚集在芽腋、嫩梢、枝干上或分杈处吮吸汁液危害（图12-36和图12-37），造成植株生长不良，早期落叶，严重时导致树体死亡。

图12-36　枝干被害状（1）

图12-37　枝干被害状（2）

【形态识别】

成虫：雄虫成虫体长4～6毫米，体色呈暗红至紫红色，1对翅，腹部末端有2对尾瘤；雌虫成虫体长10～13毫米，呈扁平椭圆形，背呈灰褐色至淡黄色，微隆起，边缘呈橘黄色，表面密生灰白色的毛，头部触角呈黑色，有粗刚毛，整个体表附有一层白色的薄蜡粉。

卵：长约1毫米，椭圆形，初产时黄白色，后渐变为赤褐色，卵产于白色绵状卵囊内，内有卵数10～100粒。

若虫：体小，色深，外形与雌成虫相似，赤褐色。触角棕灰色，第3节色淡。

雄蛹：圆筒形，褐色，长约5毫米，外被白色绵状物，有1对翅芽，达第二腹节。

【生活习性】 1年发生1代，初孵若虫以卵在土表、草堆、树干裂缝处和树杈处越冬，1月中下旬卵开始孵化，若虫出土后沿树干爬到嫩枝处集聚固定刺吸危害，雌虫若虫3次脱皮后变为成虫。

【防治方法】

（1）农业防治　冬季深翻土壤，消灭土壤中的成虫和卵，或在雌成虫下树产卵前，在树根基部挖环状沟，宽30厘米，深20厘米，填满杂草，引诱雌成虫产卵，待产卵期结束后取出杂草烧毁，消灭虫卵。

（2）生物防治　保护天敌，红环瓢虫对草履蚧有较好的捕食效果。

（3）化学防治　在若虫盛发期，喷施24%螺虫乙酯悬浮剂4 000～5 000倍液、99%SK矿物油100～200倍液、22%氟啶虫胺腈悬浮剂5 000倍液。

黄刺蛾

【学名】*Cnidocampa flavescens* Walker，属鳞翅目刺蛾科。

【危害特征】主要以低龄幼虫群集在叶背取食为害，五至六龄幼虫能将全叶吃光仅留叶柄、主脉，造成叶片呈半透明状或造成缺刻和孔洞（图12-38），严重影响树势和果实产量。

【形态特征】

成虫：雌成虫体长15～17毫米，翅展35～39毫米；雄成虫体长13～15毫米，翅展30～32毫米。体橙黄色。前翅黄褐色，自顶角有1条细斜线伸向中室，斜线内方为黄色，外方为褐色，在褐色部分有1条深褐色细线自顶角伸至后缘中部，中室部分有1个黄褐色圆点。后翅灰黄色。

幼虫：老熟幼虫体长19～25毫米，体粗大。头部黄褐色，隐藏于前胸下。胸部黄绿色，体自第二节起，各节背线两侧有1对枝刺，以第三、四、十节的为大，枝刺上长有黑色刺毛；体背有紫褐色大斑纹，前后宽大，末节背面有4个褐色小斑，体两侧各有9个枝刺，中部有2条蓝色纵纹，气门上线淡青色，气门下线淡黄色（图12-39）。

图12-38　叶片呈半透明状

图12-39　幼　虫

蛹：椭圆形，粗大，体长13～15毫米，淡黄褐色，头、胸部背面黄色，腹部各节背面有褐色背板。

卵：扁椭圆形，一端略尖，长1.4～1.5毫米，宽0.9毫米，淡黄色，卵膜上有龟状刻纹。

茧：椭圆形，质坚硬，黑褐色，有灰白色不规则纵条纹，似雀卵。

【生活习性】1年发生1～2代，以老熟幼虫常在树枝分叉，枝条叶柄甚至叶片上吐丝结硬茧越冬，翌年5月中旬开始化蛹，下旬始见成虫。

【防治方法】

（1）**农业防治**　及时摘除栖有大量幼虫的虫枝、叶，加以处理；老熟幼虫常沿树干下行至基部或地面结茧，可采取树干绑草等方法诱集，及时予以清除；果园作业较空闲时，可根据黄刺蛾越冬场所采用敲、挖、剪除等方法清除虫茧。

（2）**物理防治**　使用频振式杀虫灯诱杀成虫。

（3）**生物防治**　一是保护利用寄生性天敌，有刺蛾紫姬蜂、刺蛾广肩小蜂、上海青峰、爪哇刺蛾姬蜂和健壮刺蛾寄蝇，二是可选用400亿孢子/克球孢白僵菌可湿性粉剂（20～30克/亩）、100亿PIB/克斜纹夜蛾核型多角体病素悬浮剂（60～80毫升/亩）等生物农药进行防治。

（4）**药剂防治**　黄刺蛾幼龄幼虫对药剂敏感，在初龄幼虫发生盛期，密度大时喷药防治，药剂可选用25%灭幼脲悬浮剂4 000～5 000倍液或20%虫酰肼悬浮剂（13.5～20克/亩）或90%敌百虫晶体1 500倍液或2.5%溴氰菊酯乳油2 000～3 000倍液等进行防治。

扁刺蛾

【学名】*Thosea sinensis* Walker，属鳞翅目刺蛾科。

【危害特征】以幼虫取食叶片，幼龄时仅在叶面啃食叶肉，残留表皮，六龄后食量大增，啃食全叶。

【形态识别】

成虫：雌虫体长14～18毫米，翅展26～32毫米，体灰褐色，腹面及足色较深。雄蛾体长12毫米左右，翅展25～30毫米，雄蛾的中室上角有1个黑点，后翅暗灰色，后缘鳞毛灰白色，足灰褐色，前足跗节有白环5个，以第一环最大；触角丝状，基部数十节呈栉齿状。

幼虫：深灰绿色，背线白色，边缘蓝色，体长约20毫米，宽约为8毫米，体扁，椭圆形，胸、腹部共分为11节，体边缘每侧有10个瘤状突起，其上生有刺毛，每一体节背面有2小丛刺毛，第4节背面两侧各有1红点（图12-40）。

卵：扁平光滑，椭圆形，长1.1毫米，初为淡黄绿色，孵化前呈灰褐色。

蛹：卵圆形，淡黑褐色，长12～15毫米，宽10毫米，初为乳白色，羽化前变为黄褐色。

图12-40 幼虫

【生活习性】北方1年1代，南方1年1～2代。以老熟幼虫在土内结茧越冬。越冬幼虫翌年4月中旬至5月上旬化蛹，第一代幼虫盛期在6月。成虫昼伏夜出，有趋光性，羽化后即交尾，约2天后产卵，卵期为7～12天，幼虫期为40～47天，蛹期约为15天，初孵幼虫肥胖，行动迟缓，极及取食，2天后脱皮，开始取食叶肉，残留表皮，7～8天后开始分散取食，取食整个叶片。幼虫老熟后即下树入土结茧，结茧深度和距树干的远近与周围土壤质地有关，黏土地结茧部位浅且距树干远，腐殖土及沙壤土结茧部位深，而且密集。

【防治方法】参照黄刺蛾。

梨小食心虫

【学名】*Grapholitha molesta* Busck，属鳞翅目卷蛾科。

【危害特征】以幼虫蛀入枇杷果实、枝梢为害，果实被害后，蛀孔处有虫粪排出，先蛀食果肉，后蛀入果核内。枝梢被害后，顶端很快枯萎（图12-41）幼虫向下蛀至木质化处即转移。

【形态识别】

成虫：成虫体长4.5～6.0毫米，翅展10～14毫米，体灰褐色，触角丝状，前翅灰黑色，边缘有10组白色斜纹，翅面上密布灰白色鳞片，外缘约有10个小黑斑，后翅浅茶褐色，腹部与足呈灰褐色。

幼虫：体长10～13毫米，体色呈淡黄色至淡红色，头黄褐色，臀栉4～7齿，腹足趾钩单序环30～40个，臀足趾钩20～30个。前胸气门前片上有3根刚毛（图12-42）。

蛹：长6～7毫米，黄褐色，纺锤形。

卵：初乳白色，后变淡黄色，扁椭圆形，中央隆起。

【生活习性】一年发生多代，由北向南发生代数逐渐增加。贵州地区1年发生4～5代，以老熟幼虫在树干裂缝中或翘皮下结茧越冬，越冬代幼虫于3月下旬至4月上旬化蛹，第1代幼虫出现时间为4月下旬左右；黔西南、黔南地区越冬代幼虫于3月中、下旬化蛹，第1代幼虫出现4月中旬左右。幼虫孵

图12-41　枝梢顶端枯萎

图12-42　幼　虫

化后，直接蛀入果实中，取食果肉。成虫有趋光性，白天多静伏，黄昏时活动，产卵在夜间，散产在果面。

【防治方法】

（1）农业防治　一是建立新果园时，尽量不要梨、桃、李混栽；二是消灭越冬虫源，在果树休眠期刮除老皮、翘皮烧毁；三是受害严重的果园，进行果实套袋，能够有效防治梨小食心虫为害。

（2）物理防治　一是从4月上旬开始，设置频振式杀虫灯或黑光灯诱杀成虫；二是配制糖醋液诱杀成虫；三是使用性诱剂诱捕雄虫。

（3）生物防治　发现幼虫孵化盛期或果实受害初期，喷施生物农药，可选用100亿/毫升短稳杆菌悬浮剂600～800倍液、16 000IU/毫克苏云金杆菌可湿性粉剂600倍液、100亿PIB/克斜纹夜蛾核型多角体病毒悬浮剂（60～80毫升/亩）、1.8%阿维菌素乳油（40～80毫升/亩）等生物药剂进行防治。

绿盲蝽

【学名】*Apolygus lucorum*（Meyer-Dür）属半翅目盲蝽科。

【危害特征】绿盲蝽近几年在大樱桃产区发生日趋严重，还可危害、枣、葡萄、苹果、石榴等果树，也危害棉花、蔬菜和杂草。以若虫和成虫刺吸樱桃树幼芽、嫩叶、花蕾及幼果的汁液，被害叶芽先呈现失绿斑点，随着叶片的伸展，

被害点逐渐变为不规则的孔洞，俗称"破叶病""破天窗"（图12-43）。花蕾受害后，停止发育，枯死脱落。幼果受害，被刺处果肉木栓化，发育停止，

图12-43 叶片呈不规则孔洞

图12-44 成 虫

果实畸形，呈现锈斑或硬疗，失去经济价值。

【形态识别】

成虫：体长5～5.5毫米，宽2.5毫米，全体绿色。头宽短，头顶与复眼的宽度比约为1.1：1。复眼黑褐色、突出，无单眼。触角4节，比身体短，第二节最长，基两节黄绿色，端两节黑褐色。喙4节，端节黑色，末端达后足基节端部。前胸背板深绿色，密布刻点。小盾片三角形，微突，黄绿色，具浅横皱。前翅革片为绿色，革片端部与楔片相接处略呈灰褐色，楔片绿色，膜区暗褐色。足黄绿色，腿节膨大，后足腿节末端具褐色环斑，胫节有刺。雌虫后足腿节较雄虫短，未超腹部末端。跗节3节，端节最长，黑色。爪二叉，黑色（图12-44）。

卵：白色或黄白色长1毫米左右，宽0.26毫米，香蕉形，端部钝圆，中部略弯曲，颈部较细，卵盖黄白色，中央凹陷，两端稍微突起（图12-45）。

若虫：共5龄，洋梨形，全体鲜绿色，被稀疏黑色刚毛。头三角形。唇基显著，眼小，位于头两侧。触角4节，比身体短。腹部10节，臭腺开口于腹部第三节背中央后缘，周围黑色。跗节2节，端节长，端部黑色。爪2个（图12-46）。

图12-45 卵

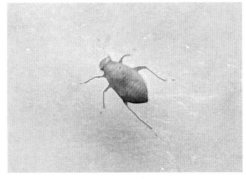

图12-46 若 虫

【防治方法】

（1）农业防治　结合冬季清园，清除园内落叶与杂草，翻整土壤，可减少越冬虫卵，同时消灭越冬虫源和切断其食物链。

（2）生物防治　绿盲蝽的主要天敌有寄生蜂、草蛉、捕食性蜘蛛等。在绿盲蝽发生期，可在果园内释放草蛉2次。

（3）化学防治　对樱桃造成危害的主要是一代若虫，一般是4月中下旬（樱桃开始长梢展叶后，立即喷药防治），树上喷洒4.5%高效氯氰菊酯2 000 ～ 3 000倍液，或2.5%联苯菊酯2 000 ～ 3 000倍液，或3%啶虫脒2 000 ～ 2 500倍液等。喷药时间最好在每天上午10时以前，喷药要细致周到，重点部位为新梢和嫩叶。7天喷1次，连喷2次。

茶翅蝽

【学名】　*Halyomorpha picus* Fabricius，属半翅目蝽科。

【危害特征】　以成虫和若虫刺吸叶片、花蕾、嫩梢和果实，叶和梢被害后症状不明显，果实被害后被害处木栓化，变硬，发育停止而下陷成畸形，硬化，不堪食用，失去商品价值。

【形态识别】

成虫：成虫体长11 ～ 16毫米，宽6 ～ 9毫米，椭圆形，体色变异大，一般为茶褐色，体腹面黄褐色或红褐色，体背密被黑色或绿色刻点，触角细长、黄褐色、具细黑点，触角基部附近有金绿色刻点，复眼棕黑、单眼红，喙伸达腹部第一腹节。小盾片两侧各有1个黄白色斑，基缘有3个黄白色小点。翅膜片长于腹末，脉纹上常具深色条纹（图12-47）。

卵：短圆筒形，初产时乳白色，直径约为0.7毫米，周缘环生短小刺毛。

若虫：初孵若虫近圆形，体为白色，后变为黑褐色，腹部淡橙黄色，各腹节两侧节间有1个长方形黑斑，共8对，老熟若虫与成虫相似，无翅（图12-48）。

【生活习性】

该虫1年发生1 ～ 2代，以成虫在果园中或果园外的建筑物上缝隙、石缝、树洞等场所越冬，次年4 ～ 5月成虫即可出蛰为害，主要为害嫩芽、幼叶与幼果，5月开始产卵，主要产于叶背，6月若虫开始出现，若虫具有群聚性，三龄后分散取食，8月以前羽化为第一代成虫，第一代成虫可很快产卵，并发生第二代若虫。成虫、若虫受到惊扰或触动时，立即分泌臭液并逃逸。

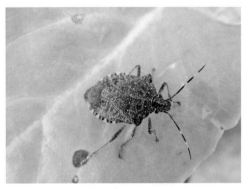

图12-47　成　虫

图12-48　若　虫

【防治方法】

（1）农业防治　在秋冬季，人工捕杀在果园附近的建筑物内大量集成虫，并在成虫产卵期内查找卵块，并摘除。

（2）生物防治　可利用天敌进行防控，天敌有茶翅蝽沟卵蜂、角槽黑卵蜂、蝽卵金小蜂、平腹小蜂、小花蝽、三突花蛛、食虫虻等，也可选用1%苦皮藤素水乳剂300倍液进行防治。

（3）化学防治　在若虫群集枝干时，进行喷药可以获得较好效果，可选用40.7%毒死蜱乳油1 200倍液、2.5%溴氰菊酯乳油3 000倍液，或10%吡虫啉可湿性粉剂1 000 ～ 1 500倍液，或3%啶虫脒乳油1 500倍液喷雾防治。

麻皮蝽

【学名】 *Erthesina full* （Thunberg），半翅目蝽科。

【危害特征】 以若虫和成虫吸食嫩梢、叶片及果实汁液，发生严重时可造成大量叶片提前脱落、受害枝干枯死及落果。

【形态识别】

成虫：体长20 ～ 25毫米，黑褐色，密布黑色刻点及黄色不规则小斑。头部前端至小盾片有1条黄色细中纵线。前胸背板有多个黄白色小点，腿节两侧及端部呈黑褐色，气门黑色，腹面中央具一纵沟，前翅褐色，边缘具有许多黄白色小点（图12-49）。

卵：圆形，淡黄色。

若虫：呈椭圆形，低龄若虫胸腹部有多条红、黄、黑相间的横纹。二龄后体呈灰褐色至黑褐色（图12-50）。

图12-49　成　虫

图12-50　若　虫

【生活习性】1年发生1代，以成虫在枯叶下、草丛中、树皮裂缝中越冬，翌年3月下旬出蛰活动为害。

【防治方法】

（1）农业防治　人工摘除卵块。

（2）生物防治　选用1%苦皮藤素水乳剂300倍液进行防治。

（3）化学防治　在若虫盛发期时喷施1%甲氨基阿维菌素苯甲酸盐乳油1 000倍液、50%氟啶虫胺腈水分散粒剂5 000倍液等化学药剂。

山楂叶螨

又称山楂红蜘蛛。

【学名】*Tetrancychus vienensis* Zacher，属真螨目叶螨科。

【危害特征】多群居于叶片背面叶柄近基部两侧吐丝结网为害，幼螨、若螨、成螨均可为害，幼螨和若螨食量小，为害轻，成螨食量大，为害重，造成叶片表面出现黄色失绿斑点（图12-51），受害严重时常引起叶片提早脱落。

【形态识别】

成螨：雌螨背观呈卵圆形，体长约0.6毫米，宽0.4毫米，春秋两季活动时呈红色，越冬雌螨的体色为朱红色，背毛12对，缺臀毛，肛后毛2对，须肢跗节的端感器粗壮，呈圆锥形。

雄螨背观呈菱形，体长约0.4毫

图12-51　叶片被害状

图12-52 成螨、幼螨、若螨及卵

米，宽0.2毫米，体色有淡黄、黄、黄绿或黄褐多种，背毛12对，须肢跗节的端感器缩小，长、宽约为雌螨的一半，背感器和刺状毛的长度与雌螨相等。

卵：圆球形，黄白色或橙色，表面光滑，有光泽。

幼螨：足3对，体圆形，黄白色。

若螨：足4对，体椭圆形，黄绿色（图12-52）。

【生活习性】在北方，1年发生5～10代，以受精雌成螨在主干、主枝和侧枝的翘皮、裂缝、根颈周围土缝、落叶及杂草根部越冬，也有部分在落叶、枯草或石块下越冬。翌年樱桃果树发芽时开始出蛰上树，先在树冠内膛芽上取食，以后逐渐向外堂扩散，有吐丝拉网习性。越冬雌成螨取食8～10天后开始产卵，不同区域产卵高峰期不同，9～10月开始出现受精雌成螨越冬，天气温暖干燥有利于种群数量增加，相反雨季会使种群数量自然降低。

【防治技术】

（1）农业防治　加强树木休眠季节的修剪、刮皮管理措施，减少越冬虫口基数。

（2）生物防治　一是保护或释放天敌进行控制，天敌主要种类有瓢虫类、花蝽类和捕食螨类等，改善果园环境，在果树行间保持自然生草并及割草，为天敌提供栖息场所，也可人工释放捕食螨进行控制；二是发现螨虫为害叶片时，可使用虫螨克、阿维菌素等生物农药喷雾防控。

（3）化学防治　发生严重时，喷施24%螺螨酯悬浮剂3 000倍液、99%SK矿物油乳油150倍液。

桃红颈天牛

32

【学名】*Aromia bungii* Faldermann，属鞘翅目天牛科。

【危害特征】主要以幼虫蛀食植株枝干，幼虫在树干内由上向下蛀食植株木质部，蛀道呈弯曲状，且内充塞木屑与红褐色虫粪。植株韧皮部和木质部受损后，养分和水分输送受阻，植株树势急剧衰弱，严重时枯死（图12-53），同时伤口易引起流胶病和多种枝干病害。

【形态识别】

成虫：体长28～37毫米，宽8～10毫米，体漆黑有光泽，前胸背板红色或黑色，头部背方复眼间有深沟，触角丝状，蓝紫色，比身体长，柄节有凹沟，前胸背板有4个突起，侧刺突发达，雌虫前胸腹面前方具横皱脊，雄虫则具有刻点而无皱脊，小盾片三角形，鞘翅基部较前胸宽，表面光滑（图12-54）。

幼虫：老熟幼虫乳白色至黄白色，体长40～50毫米，前胸背板前半部横列4个黄褐色斑块，背面的2个各呈横长方形，前缘中央有凹缺（图12-55）。

图12-53　植株枯死

卵：乳白色，长椭圆形，一般6～7毫米。

蛹：长26～35毫米，初为乳白色，后渐变为黄褐色，近羽化时变成黑褐色，前胸两侧和前缘中央各有1刺突。

图12-54　成　虫

图12-55　幼　虫

【生活习性】一般2～3年发生1代，卵多产于树势衰弱枝干树皮缝隙中，多为离地表1.2米以内的主干、主枝表皮裂缝处，幼虫孵出后向下蛀食韧皮部，以幼龄幼虫第1年和老熟幼虫第2年在树干蛀道内2次越冬，次年春天幼虫恢复活动后，继续向下由皮层逐渐蛀食至木质部表层，初期形成短浅的椭圆形蛀道，中部凹陷。6月以后由蛀道中部蛀入木质部，蛀道不规则。随后幼虫由上向下蛀食，在树干中蛀成弯曲无规则的孔道，有的孔道长达50厘米。不同区域成虫出现时间略有不同，在华北区域，成虫出现时间约在7月上旬至8月中旬，飞行能力差，常栖息在枝条上。

【防治方法】

（1）农业防治　主要采取人工捕杀，用刮刀刮卵及皮下幼虫，钩杀蛀入木质部内的幼虫。

（2）化学防治　用80%敌敌畏或40%乐果乳油5～10倍液，棉球蘸药剂后塞入虫孔，并用湿泥封堵，毒杀幼虫。

铜绿丽金龟

【学名】 *Anomala corpulenta* Motschulsky.，属鞘翅目丽金龟科。

【危害特征】 成虫危害叶片，吃成缺刻或孔洞，影响光合作用。化蛹前幼虫（蛴螬）长期生活在浅土层中，啃食危害幼树颈部皮层和幼根，影响根部吸取水分和养分，被害樱桃树生长受阻，严重影响树势和果实产量。

【形态识别】

成虫：体长15～22毫米，宽8.3～12.0毫米，长卵圆形，背腹扁圆，体背铜绿具金属光泽，头、前胸背板、小盾片色较深，鞘翅色较浅，腹面乳白、乳黄或黄褐色。头、前胸、鞘翅密布刻点。小盾片半圆，鞘翅背面具2纵隆线，缝肋显，唇基短阔梯形。前线上卷。触角鳃叶状9节，黄褐色。前足胫节外缘具2齿，内侧具内缘距。胸下密被绒毛，腹部每腹板具毛1排。前、中足爪；一个分叉，一个不分叉，后足爪不分叉（图12-56）。

图12-56　成　虫

幼虫：老熟幼虫体长30～35毫米，头宽约5毫米，乳白色，头黄褐色近圆形。

蛹：椭圆形，长约20毫米，宽约10毫米，裸蛹，土黄色。

【生活习性】1年发生1代，以老熟幼虫越冬，翌年春季气温回升解除滞育，5月下旬至6月上中旬在15～20厘米的土层中化蛹，6月中下旬至7月末是成虫发生为害盛期。少数以二龄幼虫、多数以三龄幼虫越冬。成虫飞行力强，具有假死性、趋光性和群集性，风雨天或低温时常栖息在植株上不动。

【防治方法】

（1）农业防治　在冬季翻耕果园土壤，可杀死土中的幼虫和成虫。

（2）物理防治　利用成虫趋光性，设置黑光灯或频振式杀虫灯在夜间诱杀，可利用其假死性，在清晨或傍晚振动树枝捕杀成虫。

（3）生物防治　可选用150亿/克球孢白僵菌可湿性粉剂800倍液进行防治。

（4）化学防治　①成虫防治：48%毒死蜱乳油800～1 600倍液或2.5%溴氰菊酯乳油1 500倍液喷雾。成虫出土前，地面撒施5%毒死蜱颗粒剂或5%辛硫磷颗粒剂拌土撒施。②幼虫防治：毒土法用5%毒死蜱颗粒剂或5%辛硫磷颗粒剂，也可用48%毒死蜱乳油1 000倍液灌根。

金缘吉丁虫

【学名】 *Lampra limbata* Geble，属鞘翅目吉丁虫科。

【危害特征】 主要为害枝干，以幼虫蛀入枝干为害，从树皮蛀入，后深入木质部，被害枝干蛀道被虫粪塞满（图12-57）。

【形态识别】

成虫：体长13～16毫米，翠绿色，有金属光泽，前胸背板上有五条蓝黑色条纹，翅鞘上有10多条黑色小斑组成的条纹，两侧有金红色带纹（图12-58）。

图12-57　枝干被害状

图12-58　成　虫

幼虫：老熟后长约30毫米，由乳白色变为黄白色，全体扁平，头小，前胸第一节扁平肥大，上有黄褐色人字纹，腹部逐渐细长，节间凹进。

卵：长约2毫米，扁椭圆形，初产时为乳白色，后变为黄褐色。

蛹：长15～20毫米，体色乳白色至淡绿色。

【生活习性】1年发生1代，以大龄幼虫在皮层越冬。翌年早春越冬幼虫继续在皮层内串食危害。5～6月陆续化蛹，6～8月上旬羽化成虫。成虫有喜光性和假死性，产卵于树干或大枝粗皮裂缝中，以阳面居多。卵期10～15天。

【防治方法】

（1）农业防治　冬季人工刮除树皮，消灭越冬幼虫，及时清除死树，死枝，减少虫源，成虫期利用其假死性，于清晨振树捕杀。

（2）化学防治　成虫羽化出洞前用药剂封闭树干，从5月上旬成虫即将出洞时开始，每隔10～15天用90%晶体敌百虫600倍液或48%毒死蜱乳油800倍液喷施主干和树枝。

（三）鸟害

【危害特征】鸟也是为害樱桃果实的主要生物之一，主要在樱桃果实着色期啄食樱桃果肉（图12-59），同时鸟在啄食过程中边吃边挠的机械动作，造成大量落地果实，造成果实减产。

【防治方法】人工驱鸟，在樱桃果实开始着色起，在果园里多置稻草人、彩旗、气球及彩带，起到恐吓及驱赶作用，有条件的地方设置防鸟网（图12-60）。

图12-63　被害后的果实

图12-64　设置防鸟网

（四）樱桃病虫绿色综合防控技术

1. 绿色防控基本概念　绿色防控是指从农田生态系统整体出发，以农业防治为基础，积极保护利用自然天敌，恶化病虫的生存条件，提高农作物抗病虫能力，在必要时科学、合理、安全地使用农药，将病虫危害损失降到经济阈值之下，同时满足农产品农药残留控制在国家规定允许范围内。

2. 绿色防控策略　坚持以科学发展观为指导，贯彻"预防为主、综合防治"植保方针和"公共植保、绿色植保"的植保理念，分区域、分作物优化集成病虫害绿色防控配套技术，并加大示范推广力度，为农业生产安全、农产品质量安全及生态环境安全提供支撑作用。

3. 樱桃病虫绿色综合防控技术

（1）术语和定义

病残体：指果树感染病原生物发病后的植株、组织器官，以及最终的残余物。

虫囊：是指害虫的虫体及自制的包裹物形成的囊状体。

频振式诱杀技术：用害虫趋光、色、波的特性，用频振式光源诱杀害虫成虫，控制害虫繁殖和危害。

（2）基本要求

①产地环境。产地环境空气质量、灌溉水质量、土壤环境质量应符合《农产品安全质量　无公害水果产地环境要求》（GB/T 18407.2—2001）的要求。

②种苗要求。

病虫害：无检疫性有害生物，外观无根癌病等病虫明显为害症状。

外观：色泽正常，根系完整，嫁接口愈合良好，无机械损伤。

质量等级：选用1年生嫁接苗，株高80～100厘米，整形带芽健壮、饱满。苗木根系发达。苗木质量要求见表12-1。

表12-1　苗木质量基本要求

项　目		要　求
		一年生
品种与砧木		纯度≥98%
根	一级侧根数量（条）	≥4
	一级侧根粗度（厘米）	≥0.3
	一级侧根长度（厘米）	≥15
苗木高度（厘米）		100≥高度≥80
苗木粗度（厘米）		1≥干粗≥0.8
整形带内饱满芽数（个）		≥6

③肥料使用准则。按《肥料合理使用准则　通则》（NY/T 496—2010）的规定执行。商品肥必须是经农业行政主管部门登记的产品。农家肥应经发酵腐熟，蛔虫卵死亡率达96%～100%，无活的蛆、蛹或新羽化的成蝇。提倡平衡施肥。微生物肥料中有效活菌数量必须符合《微生物肥料》（NY/T 227）规定。

④ 农药使用准则。按《农药安全使用规范 总则》（NY/T 1276—2007）执行。根据防治对象的生物学特性和危害特点，优先使用生物源农药、矿物源农药和低毒有机合成农药，有限度地使用中毒农药，禁止使用剧毒、高毒、高残留及国家明令禁止在果树上使用的农药。

4. 主要绿色防控技术

（1）植物检疫　严格种苗的植物检疫，严防检疫性有害生物的传入危害。发现检疫性有害生物的果园要严格按照《中华人民共和国植物检疫条例》等相关规定进行处置。

（2）农业防治

①选用健壮种苗。选择用符合种苗要求的种苗。

②健身栽培。选择排灌便利的园地，合理施肥，合理整形修剪，冬季翻土，树干刷白，促使植株生长健壮。

③人工防治。冬季结合修剪工作做好杂草、落叶、病残体以及各种害虫的越冬虫囊、虫体的清除，并进行烧毁或深埋处理，减少病虫源；星天牛发生危

害时，及时用细钢丝顺蛀道钩杀星天牛幼虫。

（3）物理防治

①食物源诱杀。利用食物源诱剂诱杀黑腹果蝇，诱剂配方为：红糖：醋：酒：晶体敌百虫水溶液=5：5：5：85。

②频振式杀虫灯诱杀。用电源式频振式杀虫灯或太阳能频振式杀虫灯，4～9月诱杀星天牛等多种害虫。电源式频振式杀虫灯平地果园3公顷（山地果园2公顷）安装1台，太阳能频振式杀虫灯平地果园6公顷（山地果园5公顷）安装1台。

③色板诱杀。4～7月在每棵树的树体中部挂一张黄色粘虫板，诱杀黑腹果蝇等有翅成虫。色板1个月更换1次。

（4）生物控害技术　生物控害技术是指利用活体自然天敌、生物防治病虫害的技术，主要包括以虫治虫、以菌治虫、以菌治病、以鸟治虫等。主要的应用有：保护和利用赤眼蜂、黑卵蜂等天敌，控制鳞翅目等多种害虫，选用阿维菌素、苦参碱、印楝素、核型多角体病毒等生物源农药防治害虫。

（5）化学防治技术　在杂草防控、某种病虫害突然大面积爆发或可预测将来大面积爆发为害时无其他有效防控措施情况下使用，要求使用新型、低毒、低残留农药，使用时要掌握病虫害防治适期，虫害掌握在幼虫孵化高峰期或幼虫低龄期进行。果实成熟前30天，禁止喷施化学药剂。

附录1 樱桃园推荐农药及使用方法

序号	类别	通用名称	毒性	防治对象	用药浓度	使用方法
1	杀菌剂	80%硫黄水分散粒剂	低毒	白粉病	800倍液	喷雾
2		45%咪鲜胺乳油	低毒	炭疽病	1 000倍液	喷雾
3		25%咪鲜胺水乳剂	低毒	黑斑病、炭疽病	1 000～1 500倍液	喷雾
4		50%咪鲜胺锰盐可湿性粉剂	低毒	黑斑病、炭疽病	1 500倍液	喷雾
5		70%丙森锌可湿性粉剂	低毒	褐斑病	600倍液	喷雾
6		43%戊唑醇悬浮剂	低毒	褐斑病、褐腐病、木腐病、侵染性流胶病	2 500倍液	喷雾、涂刷
7		70%甲基硫菌灵可湿性粉剂	低毒	褐斑病、褐腐病	600～800倍液	喷雾
8		75%肟菌·戊唑醇水分散粒剂	低毒	灰霉病	3 000倍液	喷雾
9		24%腈苯唑悬浮剂	低毒	褐斑病、灰霉病	3 000倍液	喷雾
10		40%腈菌唑可湿性粉剂	低毒	炭疽病、白粉病、侵染性流胶病	5 000倍液	喷雾
11		80%代森锰锌可湿性粉剂	低毒	褐斑病、侵染性流胶病	600倍液	喷雾
12		75%百菌清可湿性粉剂	低毒	褐斑病	85～100克/亩	喷雾

（续）

序号	类别	通用名称	毒性	防治对象	用药浓度	使用方法
13	杀菌剂	50%异菌脲悬浮剂	低毒	褐腐病	1 000倍液	喷雾
14		20%噻唑锌悬浮剂	低毒	细菌性穿孔病、根癌病	300倍液	喷雾、灌根
15		50%醚菌酯水分散粒剂	低毒	白粉病	4 000倍液	喷雾
16		10%多抗霉素可湿性粉剂	低毒	灰霉病	500～600倍液	喷雾
17		1%香菇多糖水剂	低毒	病毒病	750倍液	喷雾
18		72%农用硫酸链霉素可溶性粉剂	低毒	细菌性穿孔病、根癌病	1 000倍液	喷雾
19		1000亿/克枯草芽孢杆菌可湿性粉剂	低毒	白粉病、根腐病	70～84克/亩	喷雾
20	植物生长调节剂	0.136%芸薹·吲乙·赤霉酸可湿性粉剂	低毒	增强树势，提高抗旱、抗冻等抗逆性，引导植株产生抗病能力	7 500～15 000倍液	喷雾、灌根
21	杀虫剂	25%灭幼脲悬浮剂	低毒	细蛾科	4 000～5 000倍液	喷雾
22		20%虫酰肼悬浮剂	低毒	卷叶蛾类、夜蛾类	13.5～20克/亩	喷雾
23		1.8%阿维菌素乳油	中等毒	细蛾科、卷叶蛾科、螨类、蚜科等	40～80毫升/亩	喷雾
24		100亿孢子/升短稳杆菌悬浮剂	低毒	毒蛾科、刺蛾科	600～800倍液	喷雾
25		1.5%苦参碱可溶液剂	低毒	蚜科	300倍液	喷雾
26		16000IU/毫克苏云菌杆菌可湿性粉剂	低毒	夜蛾科、蘘蛾科、小卷叶蛾科	600～800倍液	喷雾
27		400亿球孢白僵菌可湿性粉剂	低毒	夜蛾科、蘘蛾科、小卷叶蛾科等	25～30克/亩	喷雾
28		200IU/毫升苏云金杆菌悬浮剂	低毒	尺蠖科	100～150毫升/亩	喷雾
29		100亿PIB/克斜纹夜蛾核型多角体病毒悬浮剂	低毒	夜蛾科、蘘蛾科等	60～80毫升/亩	喷雾

(续)

序号	类别	通用名称	毒性	防治对象	用药浓度	使用方法
30	杀虫剂	0.5%藜芦碱可溶液剂	低毒	螨类等	300倍液	喷雾
31		1%苦皮藤素水乳剂	低毒	蛾类、蝽科等	300倍液	喷雾
32		70%吡虫啉水分散粒剂	低毒	蚜科、木虱科、粉虱科、蝽科等	3 000倍液	喷雾
33		24%螺虫乙酯悬浮剂	低毒	介壳虫等	4 000倍液	喷雾
34		24%螺螨酯悬浮剂	低毒	螨类等	3 000～4 000倍液	喷雾
35		99%SK矿物油乳油	微毒	介壳虫、螨类等	100～200倍液	喷雾
36		50%氟啶虫胺腈水分散粒剂	低毒	介壳虫、蚜科、蝽科等	5 000倍液	喷雾
37		10%醚菊酯悬浮剂	低毒	蚜科等	600～1 000倍液	喷雾
38		2.5%溴氰菊酯乳油	中等毒	金龟子科等	1 000～1 500倍液	喷雾
39		48%毒死蜱乳油	中等毒	介壳虫、金龟子科、吉丁虫科等	800～1 600倍液	喷雾、灌根
40		10%联苯菊酯乳油	低毒	蛾类	750～1 200倍液	喷雾
41		25%灭幼脲3号胶悬剂	低毒	刺蛾类等	1 000～1 500倍液	喷雾
42		20%氟苯虫酰胺水分散粒剂	低毒	小卷叶蛾科、大蚕蛾科、夜蛾科、蓑蛾科等	3 000倍液	喷雾
43		10%阿维·氟酰胺悬浮剂	低毒	小卷叶蛾科、大蚕蛾科、夜蛾科、蓑蛾科等	1 500倍液	喷雾
44		4.5%高效氯氰菊酯乳油	中等毒	小卷叶蛾、叶蝉科、蝽科等	600～750倍液	喷雾
45		2.5%高效氯氟氰菊酯乳油	中等毒	小卷叶蛾、叶蝉科、蝽科等	400～600倍液	喷雾
46		1%甲氨基阿维菌素苯甲酸盐乳油	低毒	小卷叶蛾科、大蚕蛾科、夜蛾科、蓑蛾科等	1 000～1 500倍液	喷雾

(续)

序号	类别	通用名称	毒性	防治对象	用药浓度	使用方法
47	杀虫剂	2.5%溴氰菊酯乳油	中等毒	蝽科、蚜科等	1 000～1 500倍液	喷雾
48		52.25%氯氰·毒死蜱乳油	中等毒	木虱科、介壳虫等	1 500～2 000倍液	喷雾
49		5%毒死蜱颗粒剂	中等毒	金龟子科等	1 000～2 000克/亩	喷洒地表
50		5%辛硫磷颗粒剂	低毒	金龟子科等	1 000～2 000克/亩	喷洒地表

附录2　果树上不提倡使用的农药及禁用农药

1. 不提倡使用的农药（中等毒性、注意农药使用的安全间隔期）

杀虫剂：抗蚜威、毒死蜱、吡硫磷、三氟氯氰菊酯、氯氟氰菊酯、甲氰菊酯、氰氯苯醚菊酯、氰戊菊酯、异戊氰酸酯、敌百虫、戊酸氰醚酯、高效氯氰菊酯、贝塔氯氰菊酯、杀螟硫磷、敌敌畏等。

杀菌剂：敌克松（地克松、敌磺钠）、冠菌清等。

2. 果树生产禁用的农药（高毒高残留）

六六六、滴滴涕（DDT）、毒杀芬、二溴氯丙烷、杀虫脒、二溴乙烷、除草醚、艾氏剂、狄氏剂、汞制剂、砷类、铅类、敌枯双、氟乙酸胺、甘氟、毒鼠强、氟乙酸钠、毒鼠硅、甲拌磷、乙拌磷、久效磷、对硫磷、甲基对硫磷、甲胺磷、甲基异柳磷、氧化乐果、磷胺、特丁硫磷、甲基硫环磷、治螟磷、内吸磷、灭线磷、硫环磷、蝇毒磷、地虫硫磷、氯唑磷、苯线磷。

附录3 安全合理施用农药

1. 科学选择农药

首先要对症选药，否则防治无效或产生药害；其次到正规农药销售点购买农药，购买时要查验需要购买的农药产品三证号是否齐全、产品是否在有效期内、产品外观质量有没有分层沉淀或结块、包装有没有破损、标签内容是否齐全等。优先选择高效低毒低残留农药，防治害虫时尽量不使用广谱农药，以免杀灭天敌及非靶标生物，破坏生态平衡。与此同时，还要注意选择对施用作物不敏感的农药。此外，还要根据作物产品的外销市场，不选择被进口市场明令禁止使用的农药。

2. 仔细阅读农药标签

农民朋友在购买农药时，要认真查看贴在农药上的标签，包括名称、含量、剂型、三证号、生产单位、生产日期、农药类型、容量和重量、毒性标识等。为了安全生产以及您和家人的健康，请认真阅读标签，按照标签上的使用说明科学合理地使用农药。

3. 把握好用药时期

把握好用药时期是安全合理使用农药的关键，如果使用时期不对，既达不到防治病、虫、草、鼠害的目的，还会造成药剂、人力的浪费，甚至出现药害、农药残留超标等问题。要注意按照农药标签规定的用药时期，结合要防治病、虫、草、鼠的生育期和作物的生育期，选择合适的时期用药。施药时期要避开作物的敏感期和天气的敏感时段，以避免发生药害。防治病害应在发病初期施药；防治虫害一般在卵孵盛期或低龄幼虫时期施药，即"治早、治小、治了"，也就是说应抓住发生初期。此外要注意农药安全间隔期（最后一次施药至作物收获的间隔天数）。

4.掌握常见农药使用方法

药剂的施用方法主要取决于药剂本身的性质和剂型。为达到安全、经济、有效使用农药的目的，必须根据不同的防治对象，选择合适的农药剂型和使用方法。各种使用方法各具特点，应灵活选用。

5.合理混用，交替用药

即便是再好的药剂也不要连续使用，要合理轮换使用不同类型的农药，单一多次使用同一种农药，都容易导致病、虫、草、抗药性的产生和农产品农药残留量超标，同时也会缩短好药剂的使用寿命。不要盲目相信某些销售人员的推荐，或者发现效果好的农药，就长期单一使用，不顾有害生物发生情况盲目施药，造成有害生物抗药性快速上升，不少果农认为农药混用的种类越多效果越好，常将多种药剂混配，多者甚至达到5～6种。不当的农药混用等于加大了使用剂量，而且容易降低药效。

6.田间施药，注意防护

由于农药属于特殊的有毒物质，因此，使用者在使用农药时一定要特别注意安全防护，注意避免由于不规范、粗放的操作而带来的农药中毒、污染环境及农产品农药残留超标等事故的发生。

7.剩余农药和农药包装物合理处置

未用完的剩余农药严密包装封存，需放在专用的儿童、家畜触及不到的安全地方。不可将剩余农药倒入河流、沟渠、池塘，不可自行掩埋、焚烧、倾倒，以免污染环境。施药后的空包装袋或包装瓶应妥善放入事先准备好的塑料袋中带回处理，不可作为他用，也不可乱丢、掩埋、焚烧，应送农药废弃物回收站或环保部门处理。

附录4　农药的配制

1. 药剂浓度表示法

目前，我国在生产上常用的药剂浓度表示法有倍数法、百分比浓度（%）和百万分浓度法。

倍数法是指药液（药粉）中稀释剂（水或填料）的用量为原药剂用量的多少倍，或者是药剂稀释多少倍的表示法。生产上往往忽略农药和水的密度差异，即把农药的密度看作1。通常有内比法和外比法两种配法。用于稀释100（含100倍）以下时用内比法，即稀释时要扣除原药剂所占的1份。如稀释10倍液，即用原药剂1份加水9份。用于稀释100倍以上时用外比法，计算稀释量时不扣除原药剂所占的1份。如稀释1 000倍液，即可用原药剂1份加水1 000份。

百分比浓度（%）是指100份药剂中含有多少份药剂的有效成分。百分浓度又分为重量百分浓度和容量百分浓度。固体和固体之间或固体与液体之间，常用重量百分浓度；液体与液体之间常用容量百分浓度。

2. 农药的稀释计算

（1）按有效成分的计算法

原药剂浓度×原药剂重量＝稀释药剂浓度×稀释药剂重量

①求稀释剂重量。

计算100倍以下时：

稀释剂重量＝原药剂重量×（原药剂浓度－稀释药剂浓度）/稀释药剂浓度

例：用40%嘧霉胺可湿性粉剂5千克，配成2%稀释液，需加水多少？

$$5千克×（40\%-2\%）/2\%=95千克$$

计算100倍以上时：

稀释剂重量=原药剂重量 × 原药剂浓度/稀释药剂浓度

例：将50毫升80%敌敌畏乳油稀释成0.05%浓度，需加水多少？

50毫升 × 80%/0.05%=80000毫升 =80升

②求用药量

原药剂重量=稀释药剂重量 × 稀释药剂浓度/原药剂浓度

例：要配制0.5%香菇多糖水剂1 000毫升，求25%香菇多糖乳油用量。

1000毫升 × 0.5% /25%=20毫升

（2）根据稀释倍数的计算法

此法不考虑药剂的有效成分含量。

①计算100倍以下时：

稀释剂重量=原药剂重量 × 稀释倍数 − 原药剂重量

例：用40%氰戊菊酯乳油10毫升加水稀释成50倍药液，求水的用量。

10毫升 × 50−10毫升 =490毫升

②计算100倍以上时：

稀释药剂量=原药剂重量 × 稀释倍数

例：用80%敌敌畏乳油10毫升加水稀释成1 500倍药液，求水的用量。

10毫升 × 1500=15000毫升 =15升